干栏式苗居建筑

李先逵　著

中国建筑工业出版社

图书在版编目（CIP）数据

干栏式苗居建筑/李先逵著. —北京：中国建筑工业出版社，2005
ISBN 978-7-112-06938-5

Ⅰ. 干... Ⅱ. 李... Ⅲ. 苗族—民居—研究—中国
Ⅳ. TU241.5

中国版本图书馆 CIP 数据核字（2004）第 108278 号

责任编辑：董苏华 戚琳琳
责任设计：郑秋菊
责任校对：李志瑛 张 虹

干栏式苗居建筑
李先逵 著
*
中国建筑工业出版社出版、发行（北京西郊百万庄）
各地新华书店、建筑书店经销
北京中科印刷有限公司印刷
*
开本：889×1194 毫米 1/16 印张：9 插页：12 字数：260 千字
2005 年 6 月第一版 2016 年 10 月第二次印刷
定价：**68.00** 元
ISBN 978-7-112-06938-5
（28923）

本社网址：http：//www.cabp.com.cn
网上书店：http：//www.china-building.com.cn

雷山县开觉寨全景

雷山县西江大寨一角

雷山县羊排寨全景

雷山县黄里寨一角

雷山县猫猫河寨绿化及寨后风水林

平行拼联式组合布局

半边楼、扶栏、晒台、道路、绿化等组合成山地苗寨的丰富朴实景观

建于山脊高处的半边楼

雷山县黄里寨某宅适应地形的山面处理

平行等高线的半边楼

雷山县郎德寨某宅

前　　言

民居是一种普通平凡、但又十分重要的建筑类型，它与人们生活密切相关，极富生命活力；民居各个类别，在漫长的发展中逐渐形成，有着深远的历史渊源；民居形态多样，反映了各地区、各民族不同的生活方式和习惯，具有鲜明的个性特征，其绚丽多彩的地方特色和民族风格表现出历史文化上的特质；民居数量众多，分布广泛，因而拥有深厚的群众基础。

建筑历史表明，居住建筑不仅是建筑产生的母型和源头，各种不同的建筑类型都可以认为是居住建筑的繁衍，而且它积累了人类长期的营建经验，丰富多样的建筑形式及其处理手法，为新的建筑创作提供了一个宝贵的源泉。

从建筑这一事物整体上看，所有历史建筑和现代建筑莫不是以包括民居在内的乡土建筑所形成的格局为背景、为对照的，广大的乡土建筑提供的建筑环境是它们存在的基础和土壤。以生态学观点论，似乎可以把建筑分为居住型与非居住型两大类。在建筑功能要求和生活空间环境方面，居住型建筑与人们的关系比非居住型建筑来得亲密直接，更显重要，而传统民居多是在长期发展中顺应自然环境逐渐形成，整个建筑环境有机统一，因此，研究民居无疑对新兴的建筑环境学具有不可低估的借鉴作用和现实意义。

民居研究虽已取得不少成绩，但与它的实际存在相比，则显得不够，尤其少数民族民居的研究更有待探索，从某种意义讲，这仍是一个被相当忽略的题目，大概在域外更是如此。近年来，国际建筑界某些理论评论家指出，“考古学上的注意力，不久前才从庙宇、宫殿和陵墓转移到‘表达了文化和生活方式’的城市配置上，但住屋——最典型的乡土建筑——仍常常被忽视。”* 以往的建筑史研究多偏重于非居住型建筑，如宫殿、庙宇等，而对于居住建筑的演变发展系统性的研究则不够，同时这些研究也多没突破纯视觉和纯精神的范畴。

自20世纪60年代以来，世界性研究乡土建筑的趋势日渐增强，在西方现代建筑向何处去的争议中，乡土建筑重被用来唤起创作热情，乡村住宅建设也开始成为当今世界建筑一个注目的课题。在我国这样一个农业大国，更显出问题的严重性与迫切性。广泛深入地进行民居研究，汲取传统经验以为现代城乡建设所需，使城市与乡村的建筑环境协调统一，是我们建筑工作者义不容辞的社会责任。

民居研究又是探索建筑理论的一个重要方面。我们要创造中国气派的现代建筑，而不是照搬或移植外国的东西，就必须坚持现代建筑与民族传统相结合的创作方向，这是矛盾对立的统一。所谓民族传统，主要是体现民族精神，它不仅指整个中华民族的共性，而且也包括各个民族的个性。我们应从各民族的建筑形式和居住功能的研究中，提炼出传统精华，用以创造各民族富于地方特色和民族特色的现代建筑，这才会为各民族人民所欢迎，从而体现出建筑应具有的物质文化价值。因此，建筑师在掌握现代建筑技术的同时，还必须向地方学习，向民族学习，要进行建筑“采风”。

民居研究还能较敏感地接触到建筑的源流、演变等建筑历史方面的问题。尤其不发达地区和少数民族地区，民间建筑往往更多地保留原始的和历史的遗痕，从而提供更生动的实物例证。但目前较为古老的传统民居正在日益减少消亡，少数民族地区的住居受外界影响也在日益扩大而发生改观，所以这项工作必须抓紧进行。

我国西南地区少数民族分布多而集中，他们的建筑，尤其是干栏式住宅颇具特色，以前曾有过不少调查研究，但广度和深度还有待进一步加强，其中苗族民居就是一个重要方面。

苗族是我国古老民族之一，历史悠久，人口众多，分布广泛，而贵州是苗族居住最集中最有代表性的地区。关于苗族的研究，以往多集中在风俗、文学、艺术和历史方面，作为社会文化重要组成部分之一的建筑文化却少有问津，这是一个应当弥补的缺页。

有鉴于此，笔者选择了苗居研究这一课题，深入贵州山区苗乡村寨进行考察，希冀能对苗族人民的建设事业和文化事业尽一份心力，力图系统地全面了解并总结干栏式苗居，特别是极富地方特色和民族特色的苗居“半边楼”的建筑经验及其基本特征，挖掘其典型苗居建筑文化特质和文化品格，以期在新时代创造新苗居和民族建筑现代化创作中予以启迪与借鉴。

---

* （美）拉普卜特《住屋形式与文化》，张玫玫译，第7页，1970年。

目　录

一、概　　述

（一）自然环境

1. 地形条件

贵州位于我国西南地区的腹心，面积17.65万平方公里，地理位置东经103°31′~109°30′，北纬24°30′~29°13′，地貌上处于云南高原向湖南低山丘陵过渡的梯级状大斜坡带，也是高起于四川盆地和广西丘陵之间的岩溶化山原，整个地形变化较为复杂。

全区地势高，起伏大，切割强。平均海拔1000米左右，西部最高达2400米以上，东部降至500米以下，大部分地区相对高差300~500米。河流多自西、中部向北、东、南呈扇形放射，强烈的下切使高原面多遭破坏，形成山地。山原内四条大山脉都在海拔1500米以上，北有大娄山，西有乌蒙山，东有武陵山，著名的苗岭横亘中部，源于此的清水江流域便是苗族主要的聚居区。

地貌上本区具有复杂多样的类型，有高原、山地、丘陵、坝子以及河谷阶地。岩溶暗河与非岩溶河流相互交错影响造成可塑性浸蚀地貌和各种喀斯特地形。溶洞和岩洞特别发育，分布广泛，故有不少利用作居所。地貌不仅从西到东呈阶梯级降低，而且从河谷到分水岭表现出不同高度的多层剥蚀面和阶台地。河流上下段地貌差异极大，上段谷宽水缓，坝子广布，下段切割浸蚀，形成深谷急流。复杂多变的地形地貌使各族民居形式多姿多彩，村寨布局千形百态。

地质上全区均属于新华夏构造体系，是主要的蚀源区，第四纪沉积不发育。黔西北为典型高原，砂页岩、玄武岩分布较多；黔中多为石灰岩质，岩溶化台地盆地土层较厚，宜于农业；黔东南及黔南地区除北部有大面积石灰岩分布外，其余多为轻变质板岩、石英砂岩、变质砂岩和页岩等，在较多的土山与风化层堆积区，较宜农林业的发展，但因河网密布，沟谷纵横，岩溶发达，少有大面积耕土地带，岩土分布间杂零散，仅河谷台地土层较厚。全区土壤以黄壤为主，红壤，石灰土次之，在人口较密的黔东南地区有少量的水稻土。一般说来，大部分地区土少石多，水土流失较大，土质较为贫瘠。

由于以上特殊的地形地质条件，本区各民族居住分布形成大分散，小集中的总特点。

2. 气候条件

本区气候甚为特殊，虽处亚热带，除东、南个别地区，大都不具亚热带气候特点，而因地势高下表现出复杂多样性。按西东走向可以大体分为三个气候区。

黔西为贵州省高寒地区，海拔多在1300~2200米，最冷月平均气温不超过5℃，最热月平均气温在20℃左右，冬季寒冷，夏季凉爽。该区雨水稀少而日照较其他地区多。北风为主导风，且风速较大。在建筑上防寒避风必须考虑。

范围较大的黔中地区，海拔多在800~1100米，最冷月平均气温5℃左右，最热月平均气温25℃左右，大部分地区冬无严寒，夏无酷暑，降雨丰沛，湿度较大，日照较少。居住的隔热通风和防潮需要注意。

黔东地区一般海拔300~500米，为贵州省高温重湿地区。最冷月平均气温在6℃以上，最热月平均气温27℃以上。冬暖夏热，雨量大，湿气重，省内主要高温和多雨区都在本气候区内。河谷低地甚至出现40℃以上最高气温，但高坡地带因湿度大冬季仍感寒冷。建筑处理上隔热通风防雨防湿以及采暖必不可少。苗族聚居区多属本气候区。

全省总的气候特点主要是：(1) 日照少，阴天多。俗谚有“天无三日晴”之说。全年平均日照仅1300小时，日照率30%，为全国最少的地区之一。阴天占全年的一半以上，秋冬季常阴雨连绵不绝。(2) 雨量大，湿度重，云雾多。全省年平均降水量1100毫米以上，相对湿度常大于80%，加上晴天少，蒸发量小，土地空气十分潮湿。四季皆有云雾，常常密布山区。(3) 气候温和，无霜期长。大部分地区年平均气温15℃左右，冬季冷而不寒，夏季热而不躁，降雪冰冻现象较少，全年无霜期在270天以上。(4) 北风主导风，大风较少。春、秋、冬多为北风或东北风，夏季有东或东南季风，除黔西北外，少有大风，一般风压不超过$30kg/cm^2$。(5) 日温差大，多小气候。由于地形起伏多变，地貌差异殊甚，局部有不少小气候区，如清水江流域与都柳江流域虽同属黔东大气候分区，但它们各据分水岭苗岭的南北二侧，气候差异十分明显。日温差在同时的两地或同地的两时都较悬殊，故有“一日之中，乍寒乍暖，百里之内，此燠彼凉”[①]之谓，由此可见气候变化剧烈之一斑。

3. 物产资源

复杂的地形和气候条件使本区物产资源十分丰富。农业出产粮食作物主要是稻谷和玉米，其次是小麦、高粱、薯类、豆类等。清水江两岸层层梯田，被誉为“苗家粮仓”。盘江、红水河流域也宜稻谷生长，有的地方甚至一年两熟。河谷以外的山地，种植包谷为主，产量亦高。经济作物有油菜、烤烟、棉花、茶叶、苎麻、土靛等。全区以旱地为主，约占耕地的60%。

贵州省的森林资源甚丰，但现在除了梵净山、雷公山等少数地区保持有自然植被的原始森林外，大部分地区因过度开发遭到破坏。林木种类多为杉、松、枫、楠、樟、栎、柏、槭等，经济林木有油桐、油茶、漆树、乌柏、核桃、板栗和毛竹，以及梨、柿、橘、芭蕉等各种果树。山区还盛产天麻、杜仲、艾粉、茯苓、五倍子等贵重药材和香菇、木耳、茶叶等土特产。在苗族聚居区的中心矗立着巍峨的雷公山[②]，海拔2179米，为苗岭主峰，周围森林茂密，为全国著名林区之一。

畜牧业以黔西北为主，这里有天然的广阔牧场，水草丰盛，牛羊成群。苗族除个别地区养羊外，普遍饲养猪、水牛以及鸡鸭狗等禽畜。深山密林中有经济价值高的虎、豹、熊、麝、獐、野猪等野生动物，部分溪河还产大鲵，这是一种珍贵的两栖动物。在苗族等少数民族中，打猎是生产活动不可缺少的一部分。

矿产资源开发越来越多。六盘水地区产煤、铁，有“西南煤都”之称。其他矿产铜、汞、铝、锌、锰、磷、石棉等都有相当的蕴藏，大大促进了本区工业的发展，为支援农村建设发挥重大的作用。广大村镇有较发达的手工业，苗族地区尤以刺绣、纺织、蜡染和银饰为盛，生产的各种工艺品，深为广大苗族人民所喜爱。

4. 地方建筑材料

地方建筑材料可以分为植物性材料和矿物性材料二类。

植物性材料中以木材使用最广，故大部分地区为木构房屋，只是随木材日趋匮乏才渐之减少。常用木材以杉木为最多，次为松、枫、栎、樟等。黔东南林区出产的木材颇享盛誉，据《黔南识略》载，此地所产之“苗木”，“十八年杉”[③]，早在六百多年前便从清水江、都柳江运往全国各地。杉树皮也是一种极好的建筑材料，除编夹成壁外，大量用作屋面防水覆盖材料。芭茅草满山遍野，来源甚丰，铺盖屋面要用上三四年才更换一次，比稻草顶经久耐用，故在农村住房中应用颇广。芦苇编织的芦席普遍用作隔断与围护。黔地产竹，历史上也负有盛名。[④]所产竹子不仅可作围护材料，还可作房屋骨架承重材料，本区出产一种径围较小的细长竹，常编织成大片整体式竹编墙，施以内外膏泥抹面，十分坚固耐用。

矿物性材料以各种石材应用较多，如石灰岩、砂岩和页岩等，在黔中和黔西产石区，不但房屋基础、墙体以石砌筑，屋顶亦用轻质板岩石片覆盖。土是一种取之不尽的天然材料，黔南红壤地带多为砂质亚黏土，版筑土墙可高达数丈。但用于烧制砖瓦的土质不多，故黏土砖应用还不普遍。石灰石在本区资源很富，但广大农村使用石灰较少，这可能与技术或习惯有关。河沙因有较多岩溶地质形成不易，加上山高水急，难于沉积，故贮量不大。此外，还有一种有机质的建筑材料即牛粪，在少数民族中多喜使用，常与草节、竹筋和泥土等拌和成一种粘结性很强的膏灰，作为墙壁涂抹材料，十分经济而实惠。

（二）社会历史

1. 苗族历史简述

苗族是我国少数民族中人口较多的一个民族。据2005年数字统计，全国苗族人口近900万，而聚居在黔东南自治州的苗族人口为171万，占全国苗族人口的1/5，所以黔东南地区是苗族原生文化的中心，是世界国际旅游组织确定的自然与文化生态旅游区之一。

苗族又是一个历史悠久的古老民族。因本民族没有文字，历史无由记载，有关的零星材料，多散见他人典籍，故涉及苗族族源、先期发展历史以及形成演变，史学界至今意见纷纭，无统一定论。有的认为传说中的古代“三苗”就是苗族的先人；有的认为苗族与殷周时的“髳人”有密切关系；也有的认为苗族是从古百越人中的一支发展而来，甚至古代巴族、楚人也可能是苗族形成的先民集团之一等等。史书上“苗”的族称始见于唐宋时期，自明以后逐渐广泛。⑤目前较为倾向性的看法是，在公元前3世纪以前，苗族先民劳动生息在长江中游一带，“左彭蠡，右洞庭”⑥为其主要活动之地。战国末期，秦灭楚的战争，迫使他们溯沅江而上向西迁徙至湘西、黔东一带。秦汉之际，苗族先民居住在沅江上游五溪地区及清水江流域，故史籍有“五溪蛮”，“武陵蛮”之称。以后则一直把苗族分布的地区统呼为“蛮夷之地”。自汉武帝伐兵南越、开发岭南与西南地区，又有部分苗人向更南和西方流迁，以至广泛散布于东南亚，更有蹈海远至南洋、琉球、日本诸地。某些国外学者说中国苗族由印度支那北上而来是毫无根据、别有用心的。

秦汉时代苗族处于氏族社会，向封建王朝纳贡称臣，到公元7至12世纪唐宋两代，随社会经济发展逐渐产生贫富分化，土著的“蛮酋”和“夷帅”已可世袭爵位，阶级对立开始形成。宋代苗族已能制造铁农具、鸟统和“环刀”，说明生产力进一步提高。公元13至17世纪元明及清初封建王朝推行土司制度，苗区社会经济形态属于封建领主性质，广大苗民渐沦为农奴。清代实行改土归流，土司割据局面消除，从外界传入较先进的工具和技术，封建地主经济更加发展，苗族原始氏族社会彻底解体，至清中叶后完全演变为同汉族地区一样的封建社会了。

苗族人民具有反抗斗争的传统。清朝统治者对他们的残酷剥削和民族压迫，曾激起苗族人民多次起义。在历代统治阶级的镇压和驱赶下，苗族人民被迫居住在深山老林偏僻之区。长期以来，苗族人民处于自给自足的小农经济状态，有的甚至过着原始刀耕火种的生活。

解放以后，广大苗疆焕然一新，苗族人民日益走上康庄富裕的大道。在中国共产党的领导下，政治上当家作主，实行民族区域自治，经济上开始改变不发达的落后面貌，尤其改革开放以后进一步落实和放宽民族政策，苗族人民的生活不断提高，各方面都发生了日新月异的变化。

2. 行政建置沿革

在苗族迁徙到贵州省以前，还无“贵州”名号的建置。春秋时期，此地域分属古鱉国、鳛国及牂柯国，巴、蜀、楚等国各取占邻近自己的一部。此时黔地便与中原地区有着较密切的关系。除传说之外，有据可考的按《管子·小巨篇》载，公元前651年齐桓公在蔡丘会盟时说："余乘车之会九，兵车之会三，九合诸侯，一臣天下，南至吴、越、巴、牂柯、㕵、彫题、黑齿、荆夷之国，莫违寡人之命。"可见其时黔地已臣服于中原盟主。秦统一中国后，在此设"黔中郡"，修五尺道。汉代夜郎国归附汉王朝即设"犍为郡"，后又设"武陵郡"、"牂柯郡"，苗区即在其郡治之下。降至唐宋改设"羁縻府州"，以土著"蛮酋"、"夷帅"和汉族大姓将吏为官，加封晋爵，始有土司制产生。元承前制，至元十六年，"诸蛮降置八番"[7]，设宣慰使及都元帅府于贵州，名号建置自此而始，以后相沿勿改。[8]明永乐年间设贵州中书省，是以建省之有，并委布政使领八府四州，总理全省事务。清朝实行大规模"改土归流"，废土司，置流官，加强中央集权统治。同时明清两代均在贵州少数民族地区设置屯军，建立卫、所、屯、堡、营、汛、卡等据点以镇压他们的反抗斗争。屯军多是江南地区汉族农民，一面当兵，一面种田，随之带来汉族先进工具与生产技术，客观上加强了生产、经济和文化的交流，促进了当地少数民族生产力的发展。

（三）民族居住分布及特点

1. 主要民族的分布

贵州是一个多民族省份，除汉族外，尚有苗、布依、侗、彝、水、回、仡佬、壮、瑶等少数民族，其人口占全省的四分之一，但在绝大部分地区都有居住。自古以来，各民族人民在这块土地上，共同开发，互相交流，创造了灿烂的历史与文化，对祖国的发展作出了宝贵的贡献。

苗族人口在本区少数民族中占第一位，广泛分布在70多个县市（图1）。主要聚居区是黔东南苗族侗族自治州的台江、雷山、剑河、凯里、麻江、施秉、黄平、丹寨等县，和黔东北的松桃苗族自治县。其他苗族杂居区有黔南布依族苗族自治州，黔西南布依族苗族自治州，安顺和六盘水地区以镇宁、紫云二自治县苗族较多，黔西北毕节地区的威宁、赫章二县有部分苗族，遵义地区和贵阳市周围各县也有不少苗族杂居。其他广大地区还散居着许多苗族。

布依族主要聚居在黔南布依族苗族自治州的罗甸、荔波、独山、惠水、龙里、平塘等县，黔西南布依族苗族自治州的望谟、册亨、贞丰、安龙等县，杂居区有安顺地区的镇宁、紫云、关岭等县。其他在贵阳市、黔东南州、毕节地区和遵义地区也都有布依族分布。

侗族主要分布在黔、湘、桂三省毗连地区。在贵州的聚居区主要是黔东南州的黎平、榕江、天柱、锦屏、从江等县，其他则杂散居于三穗、镇远、荔波等县。

水族主要聚居在三都自治县，附近的荔波、独山、都匀等县有少量杂居。

仡佬族是贵州历史最古老的土著民族，人数虽少，但广泛散居在遵义、安顺、黔西及六盘水地区。

壮族和瑶族分布均靠近广西，如从江、黎平等县。

上述民族大都与古越人有密切的渊源关系，故其民族文化特征表现在建筑上普遍使用干栏式住房是他们的共同之处。

彝族和回族主要分布在毕节和六盘水地区，以威宁自治县较集中。他们的住房多与汉族相似，为地居式木构或砖混房屋，与其他少数民族建筑有明显区别。

2. 苗族分布的特点

本区少数民族分布上具有小聚居、大杂居的特点，但就苗族分布而言，则是整体上大分散、小集中，局部上大集中、小分散，可以分为聚居、杂居和散居三种情况。

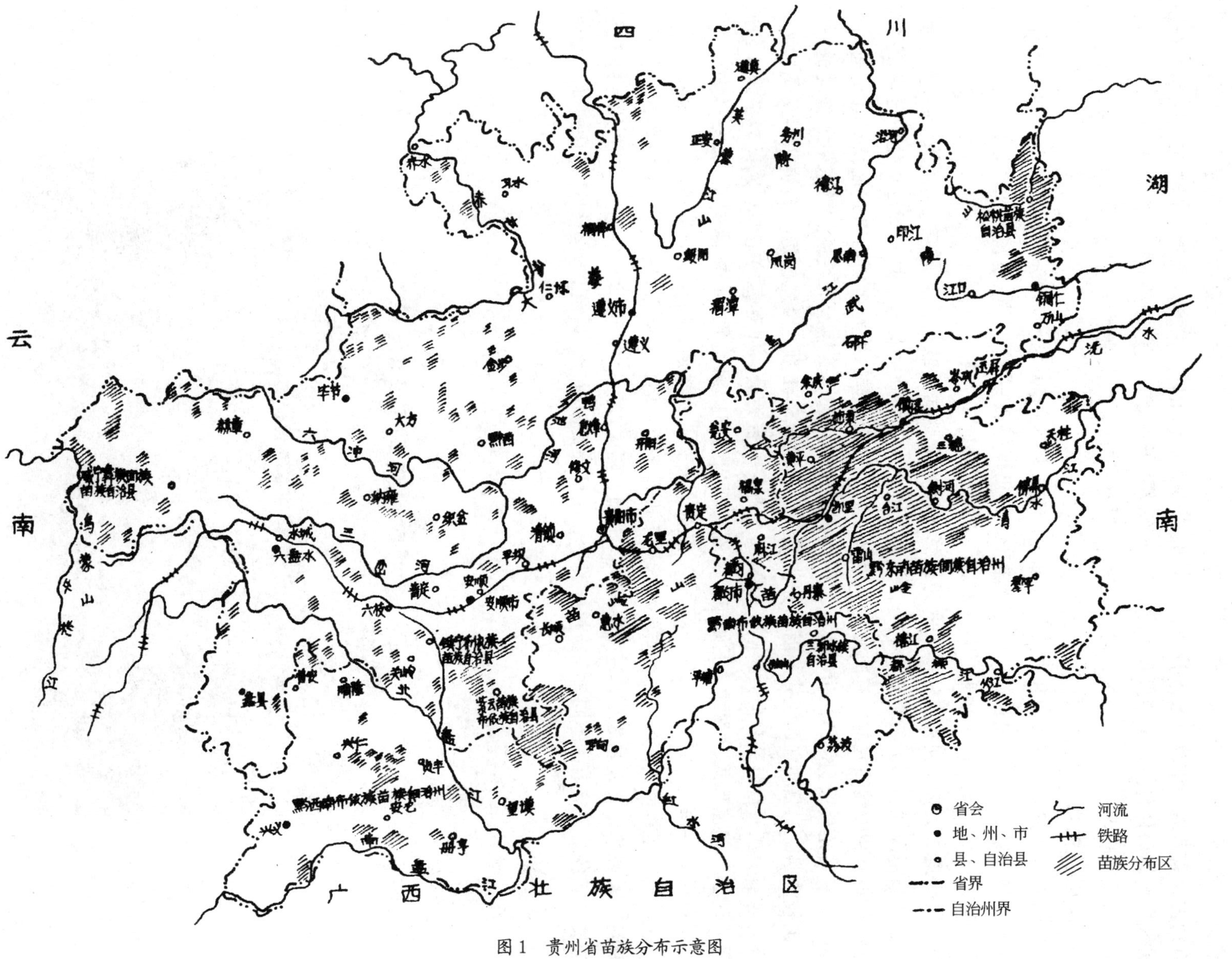

图1　贵州省苗族分布示意图

整个苗族不仅在贵州，而且在西南地区分布都极为广散，这种大分散主要是历史上多次迁徙造成的。其次，苗族支系类别十分复杂，历史上曾有黑苗、青苗、红苗、白苗、花苗等，几达数十种之多，其服饰、习俗，乃至方言均各不同，相互间的联系也较少，苗族大分散的特点可能也与此有关。在一般较为相近的支系类别居住相对集中，形成一片片不相联属的聚居区，大小苗寨星罗棋布，小者十几户、数十户，大者数百户以至上千户。清水江流域为苗族最大的聚居区，人口约占全省苗族的半数，寨落较密，三五里一小寨，十几里一中寨，几十、百把里一大寨。在杂居区，苗族居住也较集中，或是以支系类别形成若干小片，或是以独立的寨落间杂于其他民族之中。只是在较偏远的高山地区，黔西北等人口稀少地区，有的苗族呈单家或三五户散落居住。

3. 苗族的几种居住方式

苗族分布的特点使其居住方式十分多样。在聚居区的腹心地带雷公山区，深山密林，交通不便，受外界影响较小，史称“上九股黑苗区”，仍保持较古老的干栏建筑形式，尤以干栏式半楼居，当地称为“半边楼”的形式最为普遍，几乎每寨皆是。

其他地方大都不同程度地受汉式建筑影响而采取地居形式，依其影响大小可分为几种情况。一是仿当地汉式，多为三至五间平房，中为堂屋，左右为卧室及火塘间，畜栏与住房分建，多系木构，也有用石墙石瓦的。有的完全采用汉族的三、四合院，富裕者可有数进院落或几十间的所谓“走马转角楼”（图 2）。仿汉式除了广大杂居区较多外，聚居区的松桃、黔东南北部的黄平等地也较普遍。二是仿江西汉式。因部分苗族自认祖籍源于江西，因此住房亦多仿江西汉式，尤其苗区内不少江西会馆具有很大影响，以镇远、施秉一带为最，如有名的施洞口，民居多采江西所谓“印子”房屋形式，平面方正如印，两端或四周为高大封闭的硬山滴水封火墙，一般为二层，平面布局有多种不同的变化（图 3）。三是汉苗结合式。此类形式仍为地居类型，只是某些局部布置保留当地苗族使用上的习惯特点。如堂屋不设在正中一间，而多布置于左侧（图 4）；普遍设火塘间；人畜共处，人左畜右；室内空间少有分划，隔帐以居；谷仓采取干栏式，于宅外另建等等，这类形式各地又有若干不同，在松桃、黄平、凯里和贵阳附近，以及其他杂居区都有分布。

外观

图 2　都匀县坝固寨某宅（一）

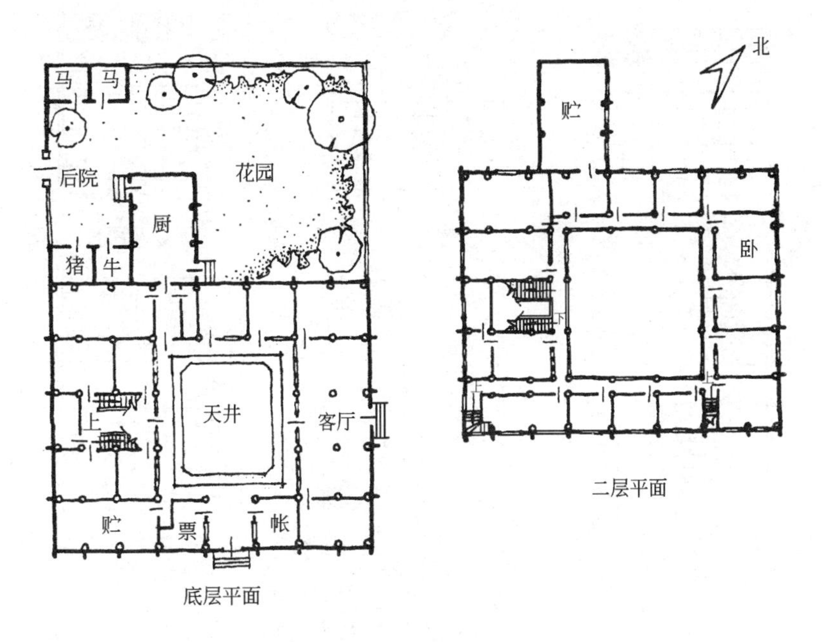

图2　都匀县坝固寨某宅（二）

在散居区的苗族住居多与当地汉族、布依族、彝族的相似。在较为偏远闭塞的某些地方甚至保留原始性的窝棚或十分简陋的所谓“杈杈房”（图5）。这是一种只用带杈的几根树枝交叉搭盖捆绑而成的茅草棚，其结构为纵向列架，有原始木构之遗风，四壁竹编或枝条缚扎，或以土石为墙，无窗之设，门极低矮，有的仅弓腰出入，常为二间或小三间，人畜同处一房。还有极少数苗族穴居于山洞者，如紫云县甚至有数十户人家在一大山洞内居住。

台江县施洞偏寨某宅外观

图3　仿江西印子房的几种平面布局及外观（一）

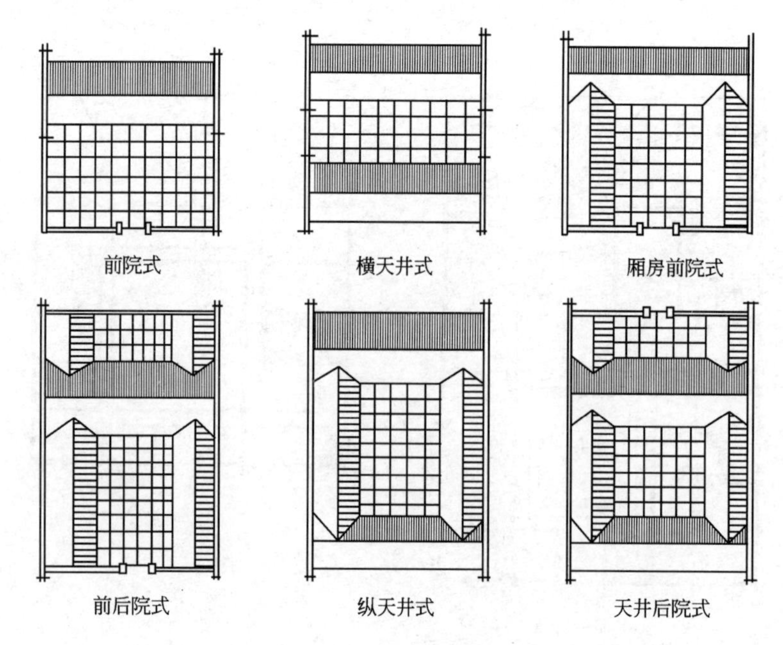

图3　仿江西印子房的几种平面布局及外观（二）

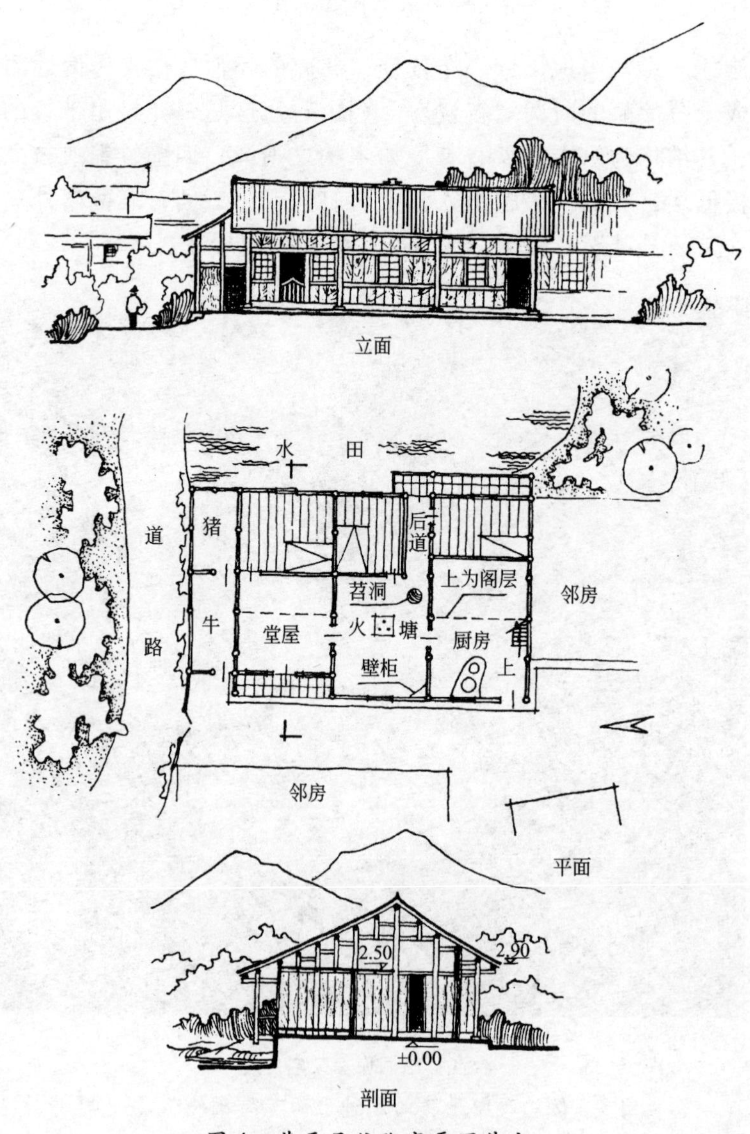

图4　黄平县谷陇寨雷国伟宅

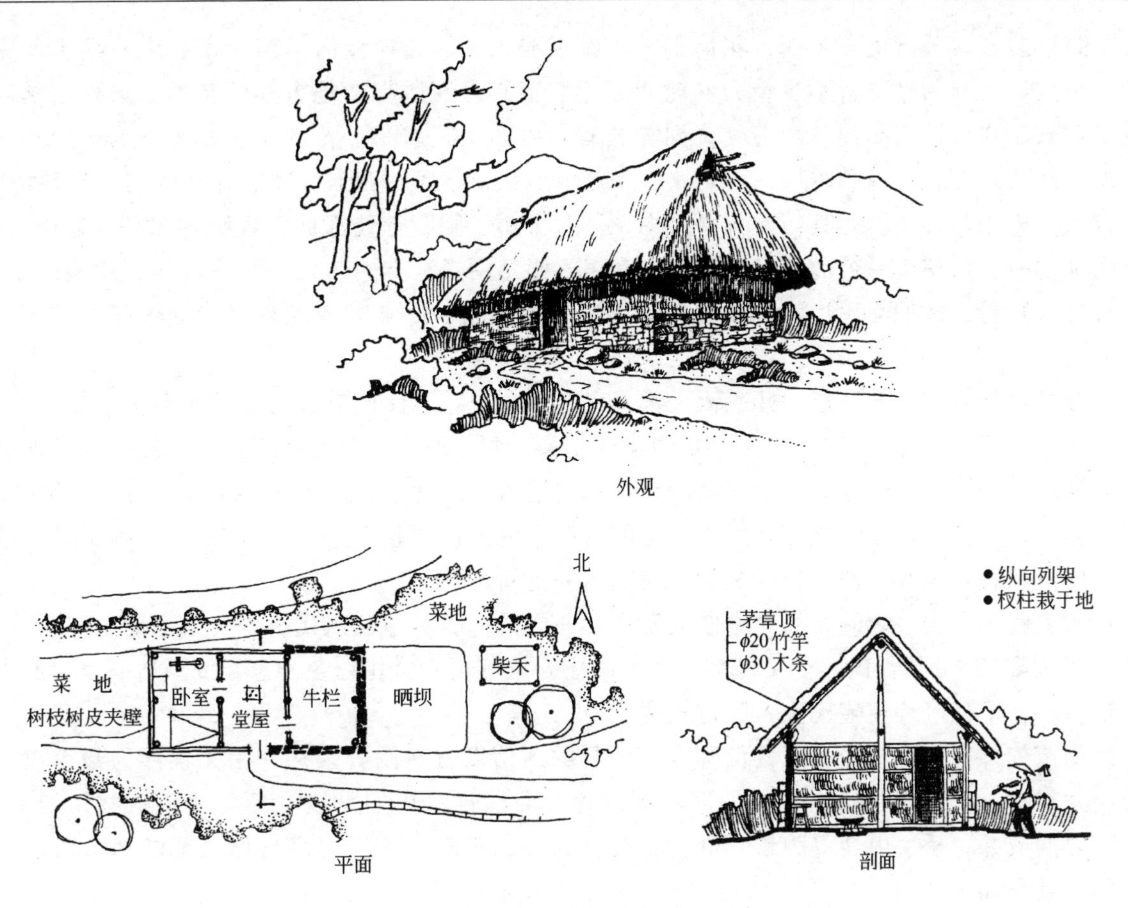

图5　贵阳高坡猫耳寨某宅杈杈房

本书所讨论的主要以聚居区内未受外界影响的传统干栏式苗居及其寨落为重点，时或兼及其他形式的住居情况。

（四）生活与风俗习惯

与其他少数民族一样，苗族在不同的历史条件下形成自己独特的风俗习惯，对住居形式产生很大的影响。

苗族的饮食因所处的自然环境不同而有差异。黔东南和黔南的苗族与湘西、广西苗族相同，主食多喜大米、糯米，黔西和黔西北的苗族主食则为包谷、薯类等杂粮。副食为豆类、肉类，常煮大锅菜伴食，为除湿气，喜佐以辣椒。通常置菜锅于火塘三脚架上，全家人围而食之，也有设火桌架于火塘上，置碗放碟，食毕，将火桌撤走。因就火塘之设，采用低家具，与汉族大不相同。

苗族“向火”习惯，各地皆然。火塘除烧煮食物外，主要用作取暖，有时兼熏烤加工食品，以柴禾或“杠炭”为燃料。

嗜食多喜酸菜，几乎每家都有坛子菜和酸汤。饮酒是苗族一大嗜好，大多自己酿酒，不但人人豪饮，客至必以酒款待表示礼节，并唱酒歌助兴。因此，菜坛、酒缸等在家居中有相当的贮藏。苗族厨房多为妇女家务的场所，一般人不得随意进入。

苗族服饰花色品种的繁多在少数民族中可谓首屈一指，尤以女装为甚。苗绣是一种颇具特色的民族针织工艺品。绣工的优劣几乎是评价苗族妇女聪明能干的主要标志，每个苗女都能织善绣。

一件节日盛装或嫁装，色彩艳丽，花饰丰富，费工浩大。因此针线活是苗族家庭中一项重要家务劳动。苗族妇女要为之花费不少精力和时间，她们特别喜在敞亮的地方边唱苗歌，边作苗绣。蜡染也是苗家制作服装用品的一项劳作，同样具有高度的工艺水平。苗族服装几乎全为自给，从种棉植麻，纺线织布，到缝制绣染，都是家庭生产，所以每个家庭都有一整套作坊性的工具和场所。

苗族是银子的民族。尤其妇女特喜银饰，平时头颈手胸臂等处都戴有银制装饰品，喜庆节日，更是大加装扮。黔东南一带的节日盛装，一套银衣银角用银竟有达一二十斤重的，穿载费时良久，且不许外人窥看，故妇女用房特有私密性。银饰多由家庭手工业的专业或半专业银匠制作，有的家庭为之辟有专门的银作房间。

苗族又是能歌善舞的民族。几乎人人都会跳芦笙、对歌，民族节日或过苗年更为热闹，踩鼓、跳场、斗牛、赛马、摇马郎等[9]，民族风情溢于苗乡。每个寨子都设有芦笙场、铜鼓坪、马郎场之类的公共活动场地。有的地方不少习俗活动在室内进行，因此楼板需要做得十分结实，有的厚达2寸以上，以防人多跳芦笙时把楼板踩断。有的为在室内进行“接龙”、“吃牛”、“打捧捧猪”等活动，堂屋空间特别宽大，甚至开设敞堂，使室内外空间连成一片。

苗族家庭为一夫一妻制，小家庭制度发达，其成员一般不超过三代。子女成家后，即行分居、有谓“子大娶妇，别栏而居”。父母多与幼子同住，也可轮流居住在各子家，或择居一家。所以苗居体形较小，不似汉族住宅庞大，占地较多。

以前苗族神鬼观念较深，宗教信仰少。主要的迷信以自然图腾崇拜和祖先崇拜为最突出，尽管社会发展了，但不少原始崇拜仍程度不同地存在着。自然崇拜是以自然物或人造物，如大树、巨石、岩洞或井、桥、山凳等为崇拜偶像，敬之为神，不时供祭，建房选地，不能随意毁损或侵占。图腾崇拜如水牛角，“槃瓠”[10]。祖先崇拜是供奉先人偶像、祖宗牌位之类，也有受汉族影响设立孔子或“天地君亲师”牌位的。一般在堂屋后壁设神龛供祭。较大的迷信崇拜活动还有请巫祭鬼，“吃牯藏”[11]等。此外，某些生产生活上的禁忌，如“放蛊”[12]、“老虎鬼”等也较盛行。杂居区也有随汉族信奉各种宗教的，在外国帝国主义传教士深入苗居传教后，天主教和基督教也有所影响。随着社会历史条件的深刻变化，苗族人民的生活习俗也在不断改变和发展，新型的民族风貌正在形成之中。

在苗族民俗文化方面的典型代表当以黔东南苗族侗族自治州雷山县的朗德上寨最为有名。该寨群山环抱，依山傍水，背南面北，林竹繁盛，景色优美。北、东、西设寨门三座，寨前有风雨桥，房屋均为吊脚木楼，自由布局，栉次鳞比。寨中央为一大芦笙场，以鹅卵石铺地并仿铜鼓鼓面十二道，其上有太阳光芒和飞奔骏马图案。寨内五条小路均以鹅卵石铺就，通向芦笙场。寨外还保存有当年苗民起义领袖杨大六抗清的碉堡和战壕。朗德上寨有百余户，全为苗族，人人能歌善舞，各种节日民族特色浓郁，十二道拦路酒、赛独龙舟、跳芦笙、踩铜鼓、牛王节、祭火神等民俗活动应接不暇。蜡染、挑花、织绵是苗姑们精巧手艺的最美展示。苗族银饰工艺和装扮更是绚丽夺目，让人惊叹不已。这里完整而集中地保存了苗族民俗文化丰富多彩的民族特色。改革开放以后，随着民族政策的落实，特别是旅游文化的兴起和推动，朗德上寨成了人们关注的重点村寨，被誉为露天民族民俗博物馆，并被国家列入“全国重点文物保护单位”和“中国民间艺术之乡”。朗德上寨每年都要吸引大量海内外游客，并引起国际上的关注，使这里成为了世界乡土文化保护基金会授予的全球18个生态文化保护圈之一，是联合国教科文组织和世界旅游组织推荐的世界十大“返璞归真，回归自然”旅游目的地之一。以朗德上寨为代表的一大批有特色的苗寨大大推动了以原生民族文化，原始自然生态和远古历史文化三大旅游资源为特色的黔东南苗族侗族自治州旅游业和建设事业的蓬勃发展。

二、苗居的地方特色与民族风格

（一）适应自然生态环境的村寨及总体布局

生态环境是一切生物赖以生存发展所处的大自然环境。在这个环境中，生物同其他非生物条件，如阳光、空气、水体、土地等，相互间保持着一定的平衡和协调关系，同时生物与生物之间也存在互相制约和影响。它们在长期的共栖中经多次反复循环更新逐渐趋于一种相对的稳定状态，形成一个个生态系统。生物的生存发展与其生态环境是息息相关的。如果违反客观生态规律，生态系统的平衡被打破，这就导致生态环境的恶化和破坏。

这个问题在工业化的今天愈来愈引起人们的关注。人为因素不断渗入自然环境，使之发生巨大改变，而人自身的生活空间环境却被忽视，这是与文明发展的宗旨背道而驰的。有的居住区使人与自然生态环境相互脱离，不但物质上妨碍了生活质量的提高，精神上也减少了生活情趣。于是人们在检视生活的时候，便自然而然地羡慕和向往乡土建筑那种浓郁的生活气息，那种优美宁静的居住环境。

从苗居分布中我们可以看到，它们所处的自然条件并不优越，但却能因地制宜，因势利导适应环境，改善环境，尽可能使之利于生活与居住。尽管表面看来苗居及其聚落似乎都是自发形成，无什么秩序规划，但并不是说它们就没有遵循客观发展规律。恰恰相反，某些自发的东西之所以存在和发展，往往是不自觉地按客观规律办事的结果，从而反映出一定的科学合理性。何况在苗寨选址中一些重要的大寨从选址到布局常常表现出生态上的精心考虑，这些考虑都是以“适应环境”作为基本出发点的，是符合生态规律和要求的。有的苗寨经过世代的苦心经营，成功地解决了居住问题，培植了优美亲切的生活空间环境，历数百年不衰，兴旺发达，一片生机，越发展越大，这一客观的历史存在就是一个生动有力的证明，挖掘其中的经验是很有意义的。

1. 寨落选址

苗族富于斗争反抗传统，在历史上受统治阶级的镇压和驱赶，所以他们多选住居于高山地区，素有“高山苗”之称。明代记述苗人“择悬崖凿窍而居，不设茵茅，构竹梯而上下，高者百仞。”[13]清代记载亦有“行黔西五尺道，道左右高山矗矗，皆苗所薦居。”[14]在杂居区常是河谷平坝为汉族，浅丘台地为布依、侗、壮等族，更深一层的山地里则为苗族。即便在聚居区，苗寨也多位于山脚、山腰以至山顶。“依山而寨，择险而居”即为苗居聚落的第一个特点。其次，苗寨多“聚族而居，自成一体”。寨子不论大小，不但少与异族夹杂相居，而且一寨多为同姓宗族，个别异姓者，亦为族亲。寨落间相对独立，仅在必要时临时“合榔”一致对外。[15]若有冤家械斗，更是绝少往来。苗寨聚居较密的地方，夹杂汉族屯军据点，各自为阵，互相对立。第三，由于自然环境和社会条件的恶劣，苗族人民在艰难困苦中为求生存的稳定和安适，不但必须慎重地选择生态环境较好的地方安居，而且要妥善处理好安全防卫与耕种生活的矛盾。因为有土可耕的河谷低地常常不安全，而可凭险据守的高山悬崖又缺乏耕土，所以苗族对寨落选址是很重视而精心的，一经选定，常数代沿袭发展，尤其一些大寨都有上百年的历史，只是黔西某些苗族习于烧荒生产，刀耕火种，“走一山，吃一山”，不喜作永居的固定。

寨落选址原则归纳起来有如下几项：

背靠大山，正面开阔。靠山一面多为阳坡，背负青山，可有生产生活的广大基地，而且挡风向阳，能减少寒气压迫，利于在寨周培植绿化系统。住居前方，有山坳可对，空间开放，不仅阳光充足，空气流通，视野辽阔亦无阻挡，高能远望，后有依托，便于观察、防守与撤退。

水源方便，可避山洪。水为生态之必需。高山地区失水是对生态的最大威胁，故苗寨多近水源，或面河，或临渠，或伴泉，或傍埝，或邻井，或借涧，方式多样。同时还要注意山洪的危害，避开较大的冲沟以防水患，利用一定坡度的自然沟壑以供排泄。此外，充足的水源也能应禳火之需。

地势险要，有土可耕。有的苗寨选在山巅，垭口或悬崖惊险之处，居高临下，前可守，后可退，再辅之以寨墙，“寨”的称号可谓名副其实。山寨基址坚固可靠，无滑坡危岩。同时寨周须有宜于农耕之土，种植庄稼供生活之需。苗族人民惜土如金，寨址多布于岩丛乱石地段，让出土地，此项利于耕种与防守相结合的原则也是基于生态环境的保护所作的全面考虑。

风水为主，兼顾环境。有的地区受汉族影响，选寨定居亦请“苗巫师”看风水，以罗盘定方位。就一般风水好的，周围自然环境也大多不错，风向、日照、水流、山势、林木等对居住均较相宜，只不过用巫词谶语赋予神秘的观念，加以迷信的解释。有的苗寨定址，重风水方位，轻周围环境，当风水要求与环境舒适条件相冲突时，不惜令后者让位。由于山区地形复杂多变，朝向不定，自然环境好与方位朝向好，不尽多符合，只要环境较优美，山水佳丽，也可北向、西向。但多数苗寨，在讲究风水的情况下，也大多将二者统一，尽可能向东或南，以利获得宝贵的阳光。

上述诸项都是对立的统一，既要开阔，又须靠山；既要用水，又应避患；既要凭险，又利耕种；既要风水，又重环境。这些常常结合地形，加以综合考虑，或突出某一要素，或兼备几条。苗寨聚落千形百态，都无外乎从生态所需的阳光、空气、土地、绿化和水，以及庇护安全诸方面的复杂矛盾中权衡利弊加以灵活变通的处理，即或是带有迷信色彩的“风水说”，也不乏有科学合理的成分，我们应以辩证分析的方法，去伪存真，为今所用。

图 6-1　依坡顺势

图6-2　背山占崖

2. 自然生长的寨落形态

（1）纯自然型居民点

苗寨的形成并无完整街道的控制，无一定的人为强制秩序，而呈无中心的自由伸展，完全顺应地形地物，绝少开山辟地，损坏原始地貌。

房屋多自由散置，随等高线的起伏与走向，与整个地景打成一片，呈现出生动活泼的各种寨落形态。有的依山顺势，沿坡面鳞次栉比，层级而上；有的绕弯溜脊，进出参差不一，错落有致；有的背山占崖，就势居高临下，有黑云压城之感；有的沿沟环谷，在沟谷二侧或是取其谷之尽端绕三面布局；有的雄踞山巅，以山顶台地为核心结寨，使山脊天际线造出极其生动的轮廓，远看极富强烈的剪影效果；还有的于山洞内外建筑屋宇，利用自然庇护空间，更是别具一格（图6-1，2，3，4，5，6）。

如雷山西江区大沟开觉寨，近400户，全寨分成二部散落在沟谷二侧。主要一部位于小山梁上，背连靠大山，小山梁地形复杂多变，又被二道山弯切割成三坨，而房屋布置均依势相就，顺等高线错落起伏，随其自然。另一小部则伴溪沿坡而上，屋宇层叠。寨旁飞瀑细流，绿树成荫，寨外溪沟豁然开朗，梯田直上山腰。从沟谷上望，随视点移动，山顶建筑的天际轮廓变化丰富多趣。登山平眺，整个寨子随地景衬托于巍峨青山的秀丽背景之下，犹如是从大地自然生长出来的（图7-1，2）。

图 6-3 绕弯溜脊

图 6-4 沿沟环谷

图 6-5　雄踞山巅

图 6-6　山洞内外

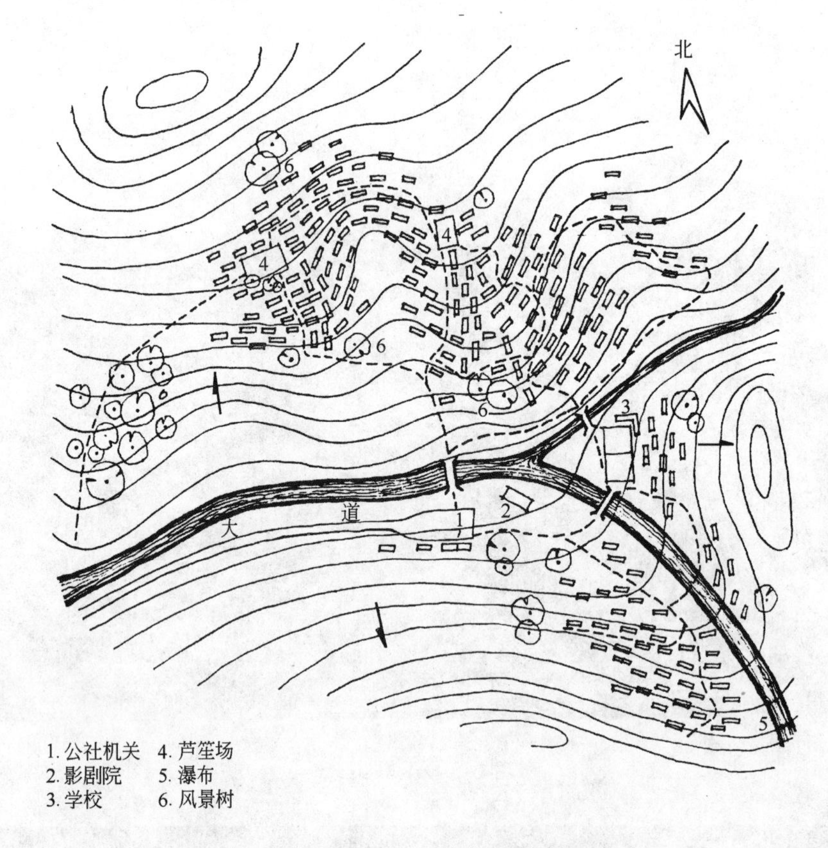

图 7-1　雷山县大沟开觉寨总平面示意图

图 7-2　开觉寨远景

（2）树形道路系统

寨内道路曲曲弯弯，极不规则，呈树枝状散布，随地形上下左右自如延伸。主干道多垂直走向，通常 1～2 条，以穿过式就山势盘曲而上。道宽 1～1.5 米，路面有自然石面梯道，有卵块石铺面坡道，也有土路面的。支道多为水平走向，沿等高线伸展，常在坡地自然分阶处从主干道岔出。由支道再派生出各条小径，直接通至每家每户。

此外，还有一种网状道路系统，在自由散置的房屋之间，互相连环相套，四通八达，犹似盘陀迷路，生人入内常常方向莫辨。这种方式仅在贵阳高坡等个别地区存在。

总之，寨内道路布局自由，不占房基，不损地貌，而且联系方便，曲折自如的变化还能造成寨内外各种丰富生动的山寨景观，一展苗寨民居风貌（图 8-1，2）。

图 8-1　寨外景观

图 8-2　寨内景观

寨的边界有开放与封闭两种情况。前者道路系统可以伸出寨外，联系较为方便；后者取外封闭，内自由，寨的边界砌以寨墙，或隔以灌丛绿篱，仅主干道可通出入，并设寨门（图9-1，2）。此种方式寨内亦多为网状道路系统，这很可能是出于防御的考虑。但不论何种情形，尽管表面看道路是自然形成，但实际上建寨时还是有所大体安排，因其自然，就如同园林之山石路径，“虽由人作，宛自天开”，而不露斧凿之痕罢了。因此，就实质来说，苗寨道路的形成，完全是以保持大地生态环境的自然性为出发点的。

（3）丰富多样的绿化布置

林木绿化是保持良好生态环境关键的一环。苗族对绿化非常重视，植树造林蔚成风尚。如苗家自古即有新婚夫妇在婚典之日种树 8～10 棵的乡俗。大小寨落无一没有绿化的培植。这不仅为环境增色添姿，同时利于水土保持并改善了小气候，提高了生活空间环境质量。苗寨成为自然环境不可分割的有机组成部分，绿化起了重要作用。

苗寨的绿化方式多种多样。最突出的莫过于风景树的培植。风景树又称“风水树”，高大粗壮，姿态优美，是一个寨落的标志，常常被神化当作崇拜的对象，许多寨子的风景树几乎都有上百年的树龄，不管出现什么乱砍滥伐的现象，风景树都可幸免于难，安然无恙。

风景树或单株，或成林，常植于寨口、寨侧或寨后，尤其寨后的风景林浓郁繁茂，成为一寨的屏障。风景树下常辟为芦笙场或马郎场，或置“二板凳”，供休息聚会之用，所以风景树周围都是苗族人民，尤其是男女苗族青年特别喜爱的地方（图 10-1，2，3）。

风景树一般多为枫、杉、松，也有以果木如核桃、白果、柿等作风景树的。在雷公山区尤以枫香为多，几乎每寨必植，奉为树神，含有繁荣昌盛，人丁兴旺的吉祥之意。[16]不过枫香高大美丽的姿态确是山中一景，尤其入秋季节，株株枫香婆娑着满身金黄血红的枝叶，在阳光下灿烂无比，衬托着青灰色的苗寨，在苍茫的山野里分外醒目，给秋收和苗年平添了几分欢乐的色彩。[17]

图 9-1　寨界开放　敞以寨口

图 9-2　寨界封闭　设以寨门

图 10-1　风景树为寨落的标志

图 10-2 寨口风景树及“二板凳”

图 10-3 风景树下芦笙场或铜鼓坪

绿化结合副业生产是一种普遍的绿化方法。苗家常在房前宅后种植竹林和各类果木，如柿、栗、橘、橙、桃、黄果等等，既美化了环境，又提供了副业原材料和果实，增加经济收益。累累果实压满枝头，点缀房舍，格外引人入胜，是苗居绿化的一大特色。如雷山有名的猫猫河寨，环境洁净优美，绿化系统完整，寨口有迎客松，寨后有风景林，寨内果树株株，修竹团团，每逢春暖花开或是秋高气爽之时，一派生机盎然的山乡风光沁人肺脾（图 11-1，2），常常吸引外地不少画家前来采风写生。

采取绿篱灌丛垂直与水平相结合的交叉绿化，效果很好。寨内沿路边、宅周种植常青的低矮灌木藤本，纵横密布，上下连属，既分隔了空间，又减少了干扰，在平面和竖向空间都造出一种幽邃宁静的居住环境。茂密交叉的灌丛还能有效地防止寨内水土的流失。

此外，还有一种颇为别致的多层分级式的绿化系统。如贵阳高坡云顶山诸苗寨，每户人家以绿篱果树围绕房舍，形成庭园式的若干小绿化圈。寨周绕以茂密的灌丛竹林，成为环带式的大绿化圈。以大包小，大小结合，林木荫翳，连成一片，组成全寨完整的绿化系统。进入寨内犹如置身层层园林。环形林带似一道绿色的城墙，冬则防风保暖，夏则遮荫消暑，具有调节气候的生态功能作用。一个个这样的苗寨像绿岛散布在大片灰白色的荒山野岭中，对比异常鲜明，周围较为恶劣的自然环境因之得到一定的改观，把它们称作嵌在贵州高原上的颗颗绿宝石亦不算过分。这种层级式绿化圈的绿化方法是值得学习的（图 12）。

图 11-1　雷山县猫猫河寨一角

图 11-2　雷山县猫猫河寨总平面示意图（60 户）

图 12　贵阳高坡云顶山苗寨层级式绿化（一）

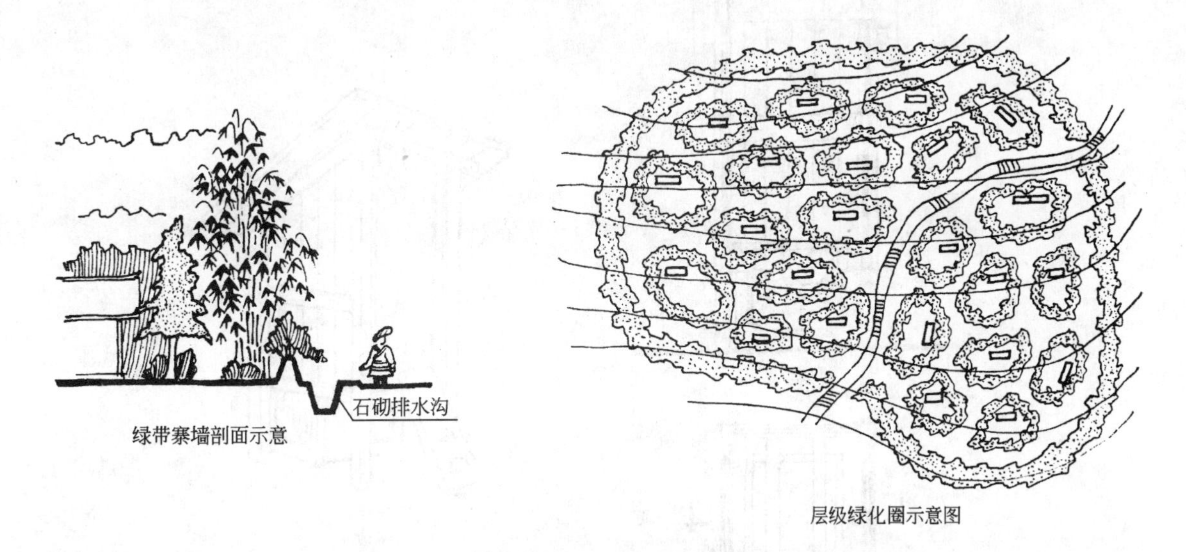

图 12 贵阳高坡云顶山苗寨层级式绿化（二）

(4) 水体的保护

虽然苗寨生活用水大多取之井泉溪流，水体处于自然净化的循环系统中，水质较好，大多没有污染，但他们仍很注意水的保护。尤其人畜用水，各自分开，互不侵扰。有的地区水源较紧张，特建贮水池或水井，加盖或设围栏管理（图 13）。苗族早先无厕所之设，解便均于寨外荒野，现已改为小型单蹲位箱厕，建于宅旁（图 14）。粪便集于箱内，并不掘坑作池。这是为了防止因山区多雨，粪池容易积水而产生的污染。苗族认为粪便是污物，不能当作肥料使用，苗乡土壤贫瘠，大概与此不无关系。但由此也可看出苗族对水体保护的重视。此外，寨内山弯堰凼，也很少将生活污水或脏物倾入，水面碧波涟漪，养莲植藕，鸭壮鱼肥，成为寨落副业基地之一。

阳光、大气、土地、绿化和水是构成人的生活空间环境的基本生态要素。苗族选择寨址，培植寨落环境之所以重视这些生态要素的适应与保护是在于他们朴素的自然观的潜在自发作用。这在古老的少数民族中都极相似。

图 13 加顶保护的水井

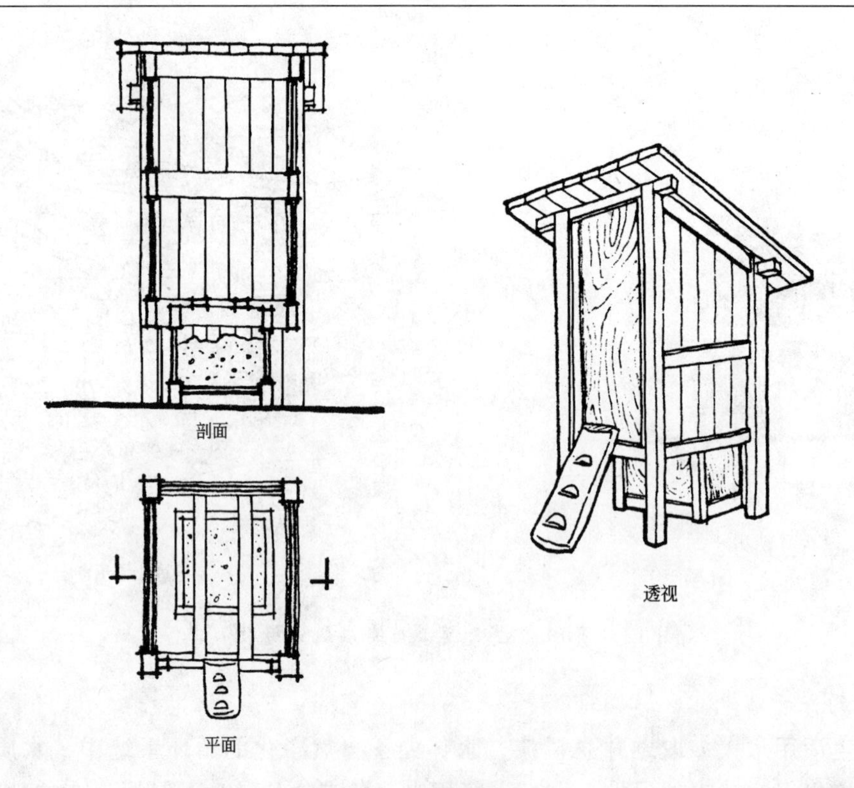

图 14　单蹲位箱厕

在他们看来，人与自然的关系首先是共栖关系，然后才是开发关系。他们一方面认为人处在自然之中为自然组成之一部分，主观上与自然没有冲突，不是把自然当作纯粹的征服对象，而是看成养育自己的摇篮；另一方面又认为自己应是自然的保护人和崇拜者，因而自觉不自觉地对自然环境加以监护。他们的自然崇拜使不少自然物免遭破坏，风景树的存在便是一例，苗族中许多广为流传的神话和美丽的民间故事都可说明这一点。固然这是由于客观上生产力水平低下，无强大的物质手段随意改变自然界，只能顺应自然，因势利导，在此基础上才进一步改造自然，以图发展。尽管如此，在他们朴素自然观指导下，某些做法确也反映了客观规律一定的真理性。

但在现代化高速推进的今天，生产力发展突飞猛进，人们自恃有能力与大自然争斗抗衡，古老的自然观发生了变化，共栖关系与开发关系互换了地位，自然崇拜变成了“生产力崇拜”，盲目追求“同大自然作斗争”、“向地球开战”、“人定胜天”等等，以致把人与大自然对立起来，忘记了人最终仍属于自然。过分的反生态开发破坏了人的生活环境。不是有许多例子表明某些建设并不是在为人类造福，而是生态环境的污染与恶化。最具讽刺意味的莫过于有的居住区本身的建设，居住区不具居住环境，人被当作数字或符号贮存在里面。可以毫不夸大地说，人类的真正发展和前途已受到这种观念的严重威胁。无怪乎近年来环境保护成了热门，它的概念和范畴正一天天扩大起来。当我们把目光转向可爱的乡土建筑时，上述苗寨某些合乎生态规律的建寨经验至少是可以帮助理解这一点的。

（二）建筑上山，节约耕地

我国人均耕地面积低于世界平均水平，在大国当中更是居后。但建设用地侵占农田，耕地面积日益减少的现象有增无减，尤其近年来，农村住房建设发展很快，情况更为严重。因此要求节约耕地的呼声日高。然而保护耕地最有效的途径是建筑上山。苗居在这方面有不少启示。

1. 苗族住居上山的缘由

苗族聚落上山是他们世代相传的定则。这是他们强烈民族意识的表现。从苗寨选址知道，苗族把定居点建在山上看成是生存的需要，那里才是他们的安全环境，因此他们都十分自觉主动地据山结寨，在漫长的严酷条件下得以生存与发展。

长期的生活实践还使他们认识到住居上山有不少优越性。除了山上能获得更多的日照、减少潮湿外，所让出的坡脚溪谷都是土层较厚的地带，宜于耕作。他们下山种植，上岭行猎，均十分方便，各项生产活动自是有利。

苗族很珍爱土地，寨址即或选在山上，也尽量不占或少占熟地，而多去开发农业价值不大的生荒或取岩丛陡坡地段。由于苗居采取传统干栏式半楼居，除峭壁之外的各种坡度都能方便地建造，并可有较大建筑密度，因此节约土地是卓有成效的。

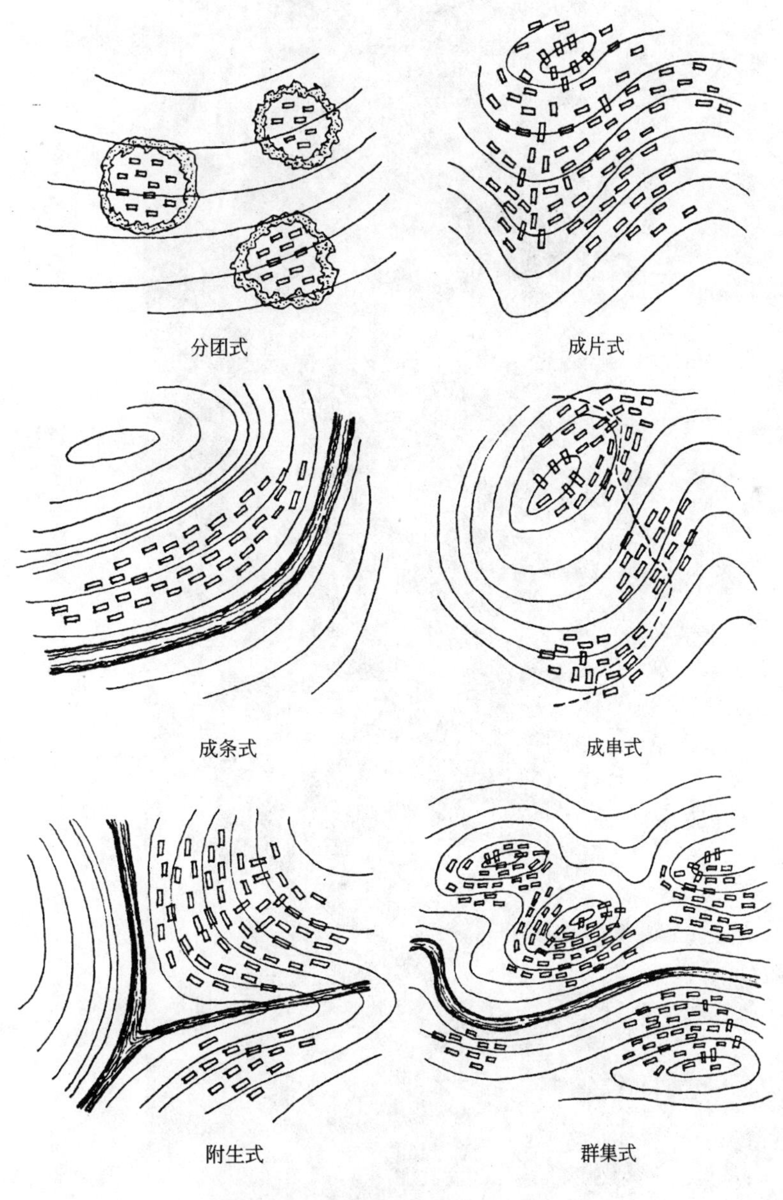

图 15　苗寨聚落上山布局方式

图16 苗居第一大寨——雷山县西江大寨全景

苗居上山，大小聚落，无一例外。小寨十几户，几十户，中寨百十户，大寨数百、上千户均建在山上，屋宇毗连相接，聚在一起，形成各式各样的寨落布局。

2. 寨落上山布局方式

苗寨聚落是一种松散性的建筑群体，形状无定，既可聚集内向，又可自由外延，房屋相互少有制约，布置疏密悬殊较大，亦可称为不规则弹性聚落。根据寨子规模和地形条件，布局自由灵活，不拘一式，皆听其自然，概括起来大致有下列数种（图15）。

分团式。多在山顶台地，形状较为规则，外围以寨墙或绿带，防御性较强。如贵阳高坡云顶山平寨、中院寨、猫耳寨等。

成片式。就大幅坡面形成，寨子轮廓多无定形，若有山弯，则绕坡进弯，连成一片，呈山抱寨状；若有山梁，则顺坡翻梁，结为整体，呈寨抱山状。如黄平谷陇寨、台江岩上寨、雷山黄里寨等。

成条式。沿沟谷二侧、水岸坡台地、山腰台地，基地狭窄就长向布局，向两端伸展，在低山区及河谷区较多。如台江施洞偏寨、雷山朗德寨等。

成串式。河谷缓坡，地势曲折不大，房屋散落成几组，联以干道，呈珠串布局；以及山沟内外或相邻梯级台地，垂直向狭长坡地，聚落则分块布局，形成上下二部或三部，其间保持距离，也可有稀疏房舍衔接，主干道串通各部，联系较为密切。如雷山掌排上下寨，剑河久仪上下寨、台江黄毛上中下寨等。

附生式。寨落发展，扩大而无基地，则邻近派生出一“卫星寨”，有的在多条溪谷交汇的坡面设大寨，在对面一侧设小寨，也有的在山腰曲折较大的坡面跨涧附生小寨。小寨一般不超过两个，还可另外命名。如雷山县乌开大小寨，台江番台大小寨等。

群集式。此种方式多为数百户以上的大寨，由若干小寨组合成更大的群体，经长期逐渐形成，各寨间联系密切而又相对独立，有的以一寨或二寨为主，有的几寨并列不分主次，常常分据数个山头，或对峙，或毗连。如历史悠久号称黔东南“第一苗寨”的雷山县西江大寨，一千余户，即由羊排、东引、白岩、水寨等四寨组成，气势宏大，宛如城镇（图16）。

苗寨成千上万，建筑上山布局变化多样，上述方式相互间并无严格界限，常是几种方式交织在一起，附生式寨落也可成片成条，也可演变为群集式，成条式也可与成串式互相演变转化。这些充分说明苗族人民善于利用山区地形特点，因地制宜，合理布局，巧妙解决住居上山的各种矛盾与困难。

3. 机动灵活的房屋布置

苗居小家庭制，每户住房多为三间，体型不大，占地较少，故便于机动灵活地布置于山坡各种地段，或密集，屋宇鳞次栉比；或疏松，各户星罗棋布；或两者结合，一寨之内疏密相间。房屋布置以单栋散置为主，成排连建为辅，此外还有一种小庭园组合方式。

单栋散置可为一户一栋，也可二户并山连脊为一栋，较为适应于不规则的零碎地形，基地可以充分利用；成排连建常在较规则完整的台地，配合顺等高线的水平支道横向布置，有的便形成片段的所谓“半边街”（图8-2）。小庭园式则是将房屋、菜地、果木、地坝等组合成一小巧的庭园空间，以绿篱或短垣分隔内外，各户自成一统，但空间隔而不断，内外交融，上空绿树互相打成一片，庭园并

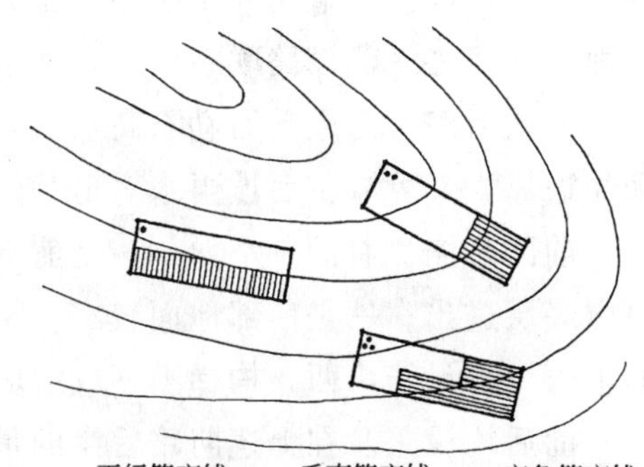

图 17-1　房屋布置与等高线的关系

无封闭之感。这种方式占地较宽，仅在寨子边缘或基地较宽展处布置。个别地区如贵阳高坡云顶山诸寨各户几乎如是。

房屋与等高线的关系不外乎三种。一是垂直于等高线，常在山脊、山梁等处，房屋呈横向半边楼布置；二是平行于等高线，顺其走向，以纵向半边楼分跨等高线布置，此种较为常见；三是与等高线成角相交，常是地形不规则地段，采取纵横两个方向吊下的所谓双向半边楼来加以适应(图17-1，2)。

图 17-2 雷山县羊排寨的房屋布置俯视

房屋与路径的关系十分密切。建筑上山必须妥善解决房屋布置与道路开设的矛盾。苗居在这方面的处理手法多样灵活，不拘一格，随地势高下起伏，形状端正曲折，宜房则房，宜路则路，路之设决不占房基，房之建则路自成。路房关系常有如下几种（图18)：

前坎后崖，房侧设路。在垂直走向主干道两侧布置房屋常平行于等高线，逐台分阶层级而上，房屋以山面向路，宅门开于山面，出入方便，尤其二面临坎，背靠高崖的地形，布置时便应留出一面，从房之一侧设路联系。

前坎后路。房屋前为勒石高坎，则在房后设路，内外联系方便，同时房屋距后坡较远，利于采光通风，又可减少后坡雨水对房基的影响。

前路后崖。有两种情形，一是前部地面较宽，道路与房屋底层同处于一个台面，可设次要入口由底层进出；一是前部地面较窄，房屋建于堡坎上，底层不能直接与路取得联系。以上两种情形主入口都设于山西，构梯上下或沿坡面引出小径而上。

前后均设路。在上述前路后崖的情形中，若房屋后部地面较宽，也设路通行，前后联系均较便利，在房屋成排连建横向布置时采用较多。

同时，房屋布置对自然地物并不加排斥，而是尽可能利用周围环境条件，形成良好的外部空间，使房屋与环境镶合巧妙自然。如基地附近的大树、岩壁、山石、沟壑、水面等，不随意砍削，挖填或毁损，不强求生硬的整齐划一，而是组织到居住环境中成为其中的一部分。

在山区特定的环境中，苗寨房屋、道路、地物相互结合自然，安排有致，相得益彰，这与《园冶》中所说的“巧于因借，精在体宜”的布局原则似有相同之理[18]，完全不像有的山地居住区规划依靠推土机和丁字尺解决问题[19]，既破坏生态环境，又浪费人力财力。

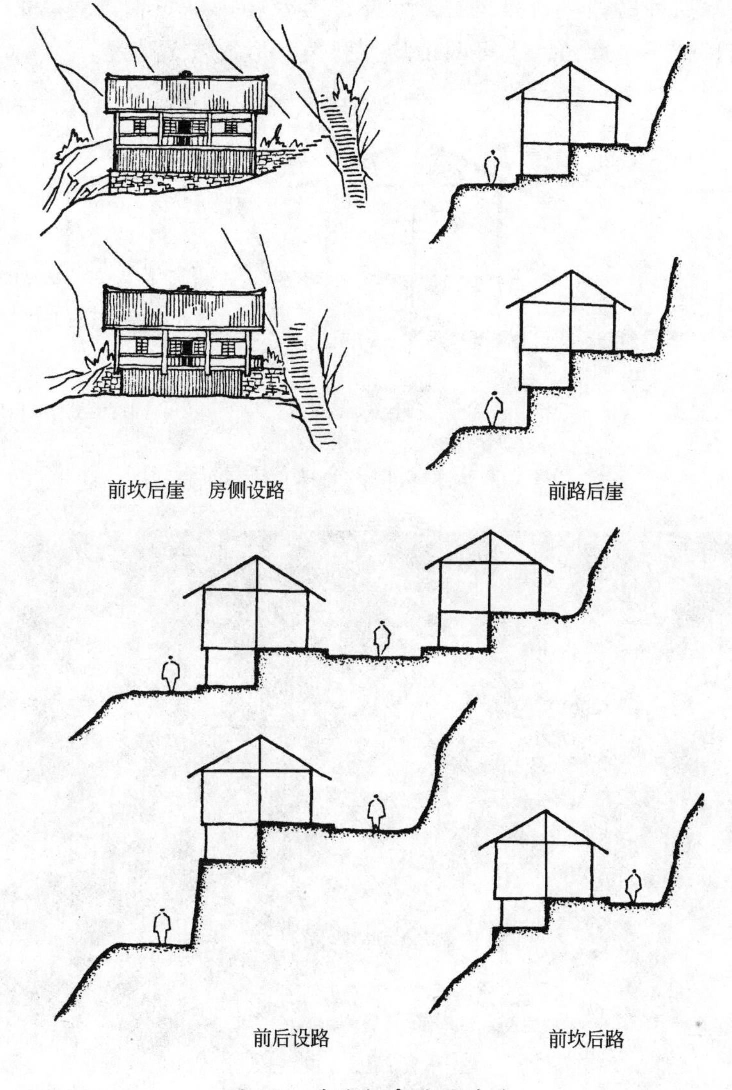

图 18　道路与房屋的关系

（三）独特的“半边楼”

苗居干栏式住房有全楼居和半楼居两种，或称全干栏与半干栏，当地俗呼为“楼房”、“半边楼”。现存苗族传统住宅中这种半边楼占绝大多数，在聚居区腹心地带几乎都是这种形式，其中尤以黔东南的雷山台江等地最具代表性，其规制之完整、建造之工精、发展水平之高、分布之集中都为他区所少见。

干栏式建筑的特点是房屋下部架空，以支柱托起上部建筑，主要目的是防潮防兽以策舒适安全，而所谓的“半边楼”则是一种吊脚楼形式，房屋一部分架空，另一部分搁置于坡崖上（图 19-1)，有的搁置部分也可以石支垫，小有抬起，高差一至二步（图 19-2)。这样形成半楼半地的特殊形式，又具楼居高敞的特点，又具地居方便的特点，它的主要目的除防潮之外，更重要的在于适应地形，利用坡地空间，这种半干栏形式较之全干栏具有更多的优越性。

苗居全干栏与半干栏在形式、尺度、构造上基本相同，惟半干栏底层进深减半而已。建筑多为一字形，以三间和三间带磨角者为多，也有部分二间和二间带磨角的，五间的较少见。苗族称所谓“磨角”，即半个开间大小，设于端部，近似于梢间，上部屋顶接正面屋坡转至山面，因以得名。此与四川农村民居所称磨角稍有不同[20]，而与《园冶》一书中谓磨角者相似。[21]一般磨角处多为歇山屋顶，正房可以带一个磨角，也可两山均带磨角，形成较大体型。

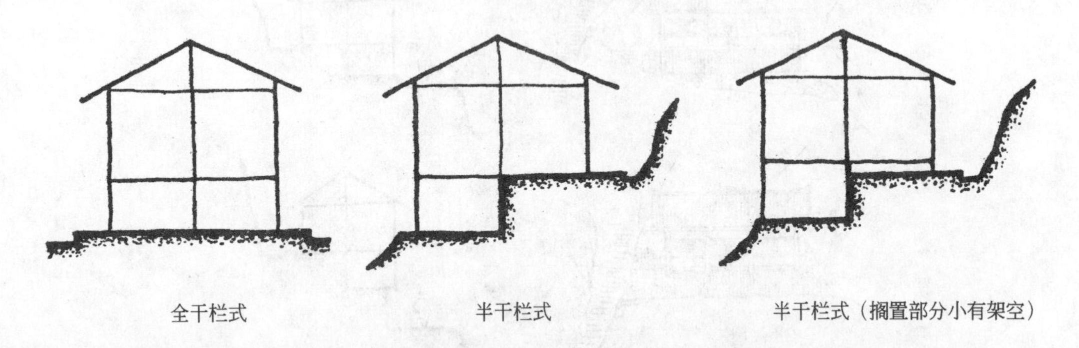

图 19-1　全干栏式与半干栏式比较示意图

图 19-2　台江县郎登寨某宅底部垫石架空

全楼居干栏实例以雷山大沟开觉寨包列金宅为其典型（图 20-1，2）。该宅坐落在山腰一小块台地上，有近 200 年历史。平面为三间二磨角。底层中为杂务间，次间一作厨房、火塘、贮藏之类，一作猪牛圈房。居住层当心间为堂屋，左右为卧室、贮藏、过间等，前部设退堂、挑廊，两磨角设木板梯升降，整个布局基本上为“前堂后室”方式。阁楼层全为贮藏。全干栏式的基地要求较高，对于峻峭的陡坡若不作大的挖填则无法建造，这是它在山区的局限之处。

外观

图 20-1　雷山县大沟开觉寨包列金宅外观

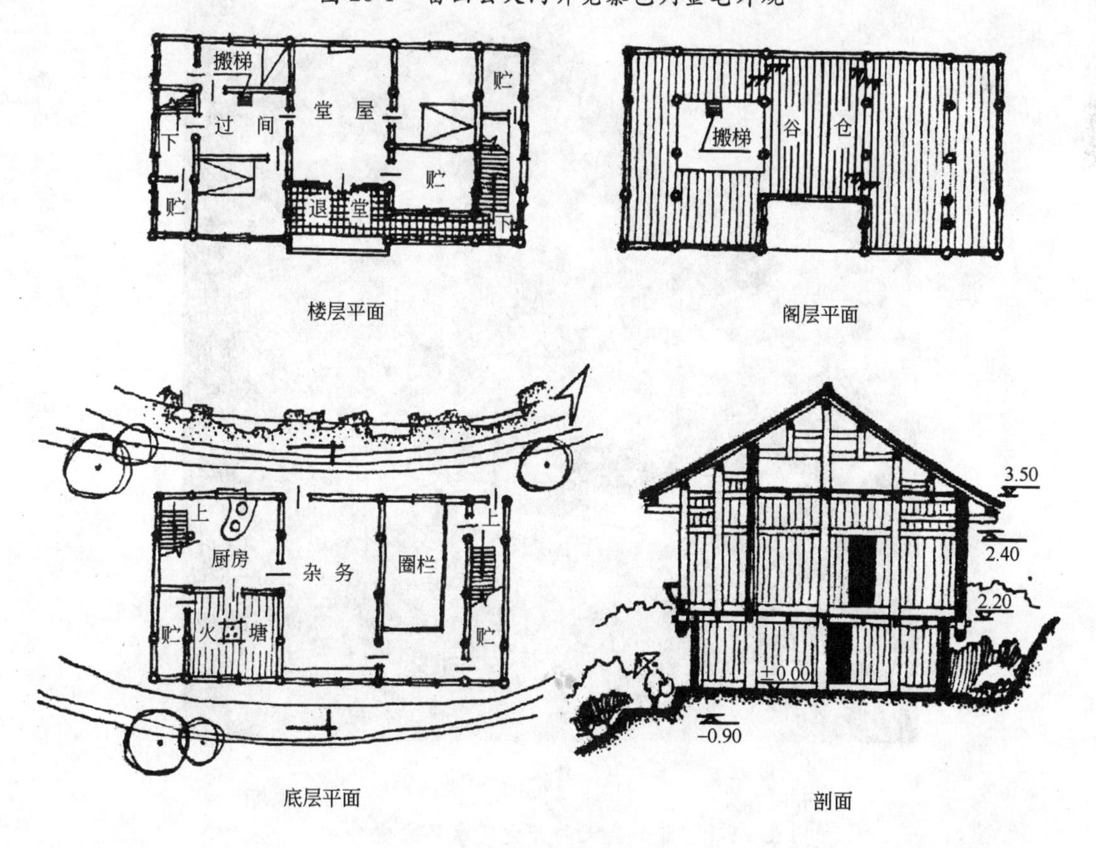

图 20-2　雷山县大沟开觉寨包列金宅

半楼居干栏实例以同寨李昌文宅为其典型（图 21-1，2，3）。该宅架立于陡坡之上，前坎后崖房侧设路，在辟为连续数个台阶的地段上，房屋跨越其中两个小台阶。平面三间二磨角带偏厦。底层设于半楼部分，布置杂务贮藏畜圈，有单独侧门与外联系，内附崖设蹬道与居住层相通。居住层中为堂屋和退堂，前半部楼面左右为卧室，后半部地面为火塘、厨房等，从当心间外挑曲廊导至山面出入。阁楼层为贮藏谷仓，以活动搬梯上下。整个房屋呈一高一低之势贴附于坡崖之上，突出反映了与地形的密切关系。

“半边楼”这种建筑形式是苗族自然经济和生活习惯与地形条件相结合极富特色的客观产物，是在山区复杂的特定环境下对全干栏的一种创造性的发展。已植根于苗乡，土生土长，具有浓厚的地方特色和民族特色，是山地住居独特的类型。

下面从满足居住功能要求，适应山区地形，方便施工建造等几个方面简要分析一下苗族半楼居干栏的主要特点。

1. 居住功能的合理性

农村住宅的居住功能远比城市住宅复杂，它不仅要求生活起居舒适方便，而且要保证某些生产活动的进行，还要便于家务的管理，同时也要求有一个安静卫生的居住环境，少有外界以及住房内部各个部分相互间的干扰，只有如此，才能体现一个住居的合理性。“半边楼”便是苗族根据自己的生活习惯创造出的他们理想中的居住环境。据方志载“苗人喜楼居，上层贮谷，中层住人，下为牲畜所宿”[22]。这概括了苗族对住居的主要要求，反映了居住功能划分的明确性与合理性，虽然实际情况要复杂广泛得多。

外观

图 21-1　雷山县大沟开觉寨李昌文宅外观

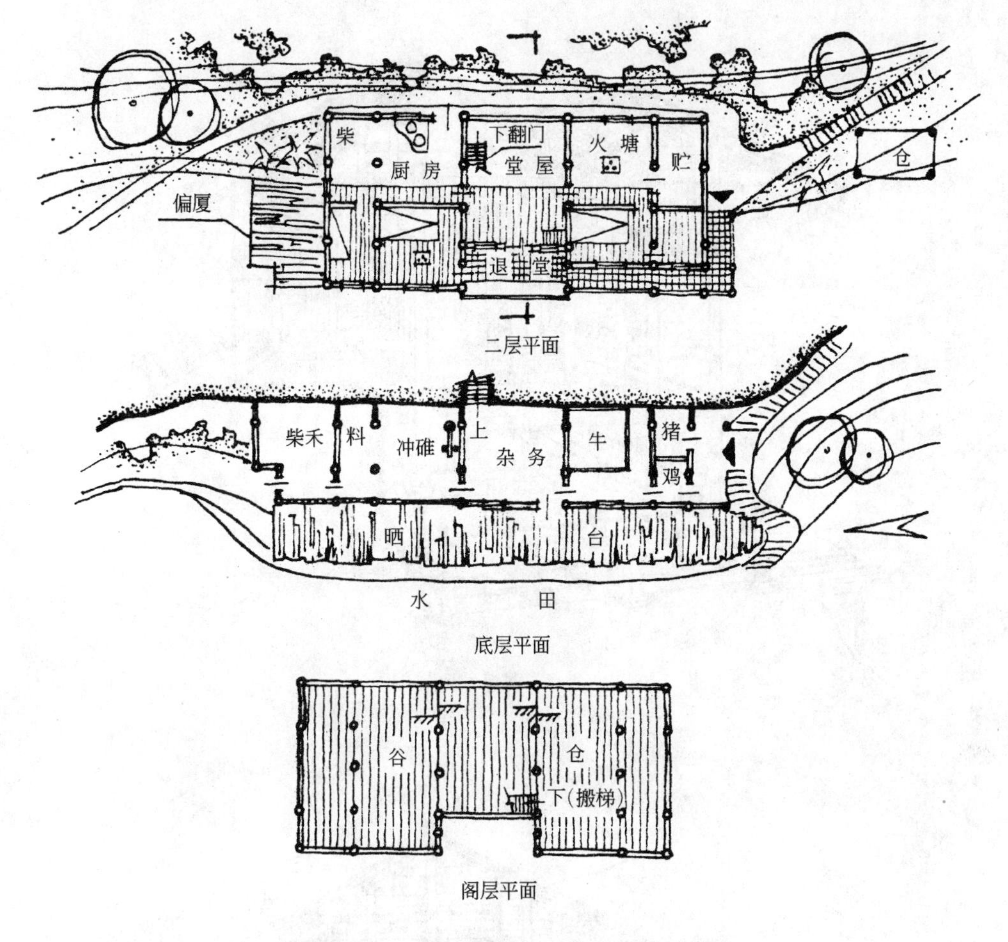

图 21-2　雷山县大沟开觉寨李昌文宅

(1) 以“住”为中心的居住层

生活起居主要解决一个“住”字，它是一宅的主要居住功能。由图 21 (1，2) 可知，半楼居在总体布局上将居住面设置在半楼半地的中间一层，全宅主要生活用房几乎都布置在这一层，人全天的活动大部分在该层进行。

居住层的组成，包括堂屋、退堂、卧室、火塘间、厨房等主要部分，以及贮藏、杂务、副业间、挑廊、过间等辅助部分。平面布置基本格局与全干栏不同，它打破了“前堂后室”的传统方法，根据实际需要和变化了的建筑形式更合理地组织平面。这是一个“前室后堂”的中心式平面。

堂屋。所有居住部分都是围绕堂屋为中心布置的，堂屋占据当心间，位置居中，为全宅重心所在。

首先，堂屋具有象征意义，是家庭最神圣的地方，起着表达家族延续和家庭得以存在的精神功能作用。堂屋正中后壁设神龛，上立牌位，前置供桌，摆设祭品，有时将水牛角或银角等也供奉在上面。主要的家具是春凳，此为一较宽的长条形矮桌，做工考究，雕饰丰富，为全宅醒目的惟一大型工艺装饰品，它不仅是设宴的餐桌，同时也表现了堂屋的神圣意义。

其次，堂屋还有生活实用功能。除平时兼部分起居作用外，更主要的它是一个家庭对外社交的活动场所，特别是逢年过节，婚丧娶嫁，接人待客，设宴办礼，以及对歌跳芦笙等无不在此进行。堂屋开间大、空间高，正好满足上述使用要求。有的地方，还将大门做成活扇，必要时可全部取下，或干脆无大门和前壁之设，使堂屋与退堂空间连成一片，成为活动面积更大的敞堂。

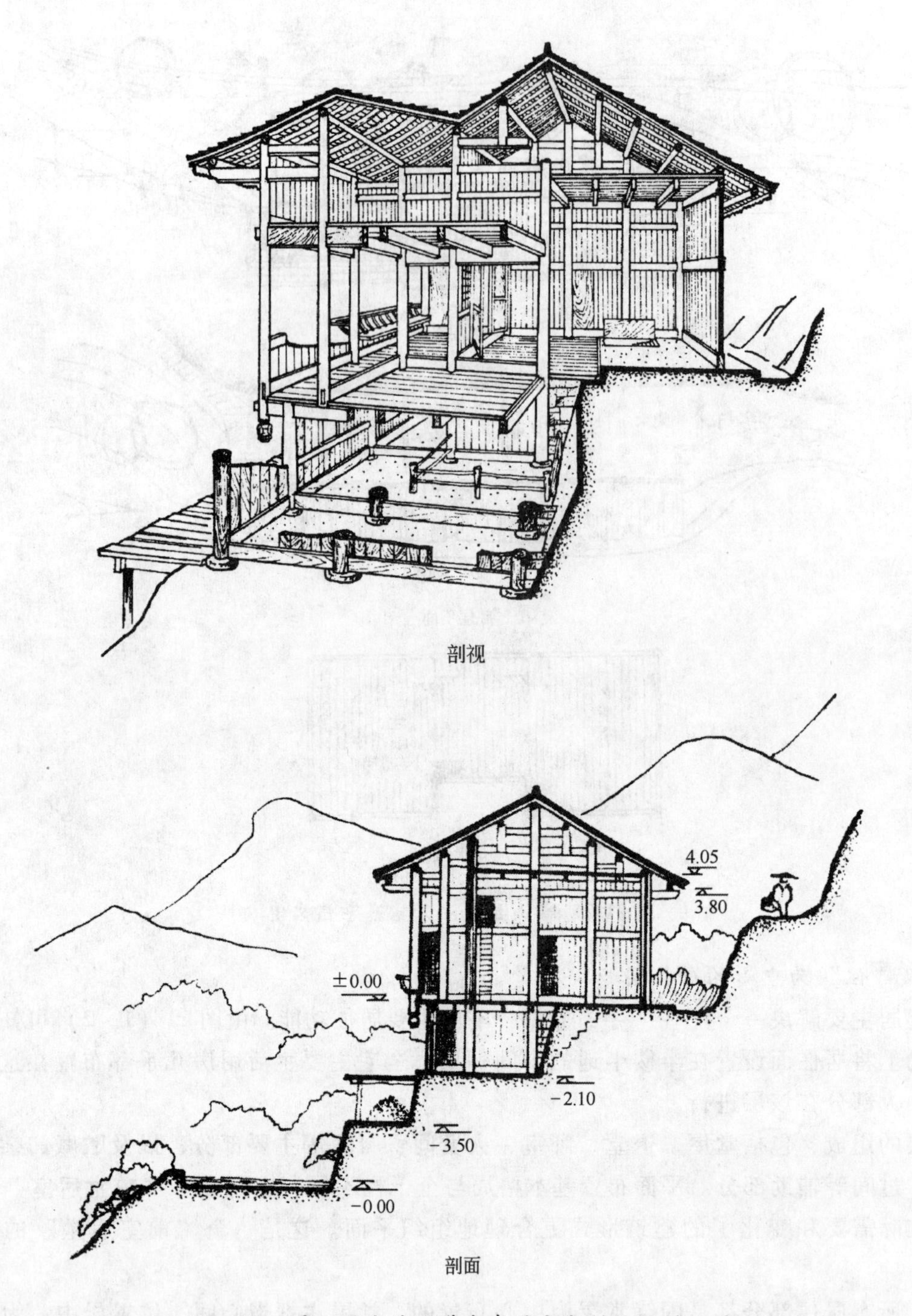

图 21-3 雷山县大沟开觉寨李昌文宅剖面及剖视图

第三，堂屋兼作家务及部分生产活动的场所。平时堂屋摆设不多，显得空旷，故借作堆放大型笨重的农用具，如风车、磨盘、织机之类，一些生产和副业劳动就在堂屋内进行，尤其收获季节，晾干谷物，农作物加工，在山区缺少院坝的情况下，堂屋自然成了可资利用的场地。

第四，堂屋是全宅的交通枢纽。它不仅仅当作一个穿堂，更重要的是通向室内外和内部上下左右的联系中心。在水平方向，由堂屋可以自由进到各个房间，也可借挑廊方便出入内外；在垂直方向，堂屋内设地板式翻门以木梯或踏道与半楼底层沟通，有的将堂屋后部隔出一个过间，开甬道下至底层，也可开后门通至户外，开侧门与厨房联系，手法简洁灵活（图 22）。这些都是与地居式堂屋不相同的地方。至阁楼层则多利用搬梯，置于大门侧后，既隐蔽又安设方便。全宅经由堂屋交通联系可称四通八达(图 23)。

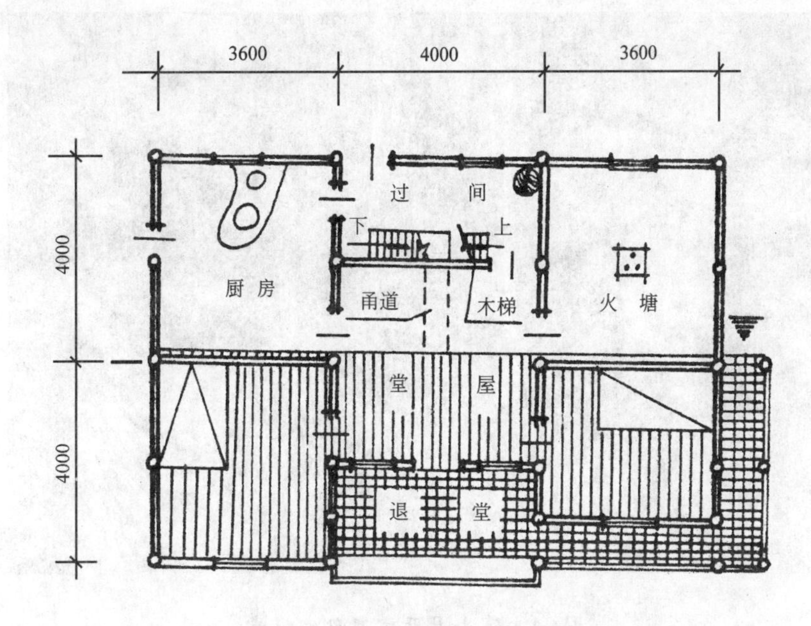

图22　某宅堂屋后过间的设置

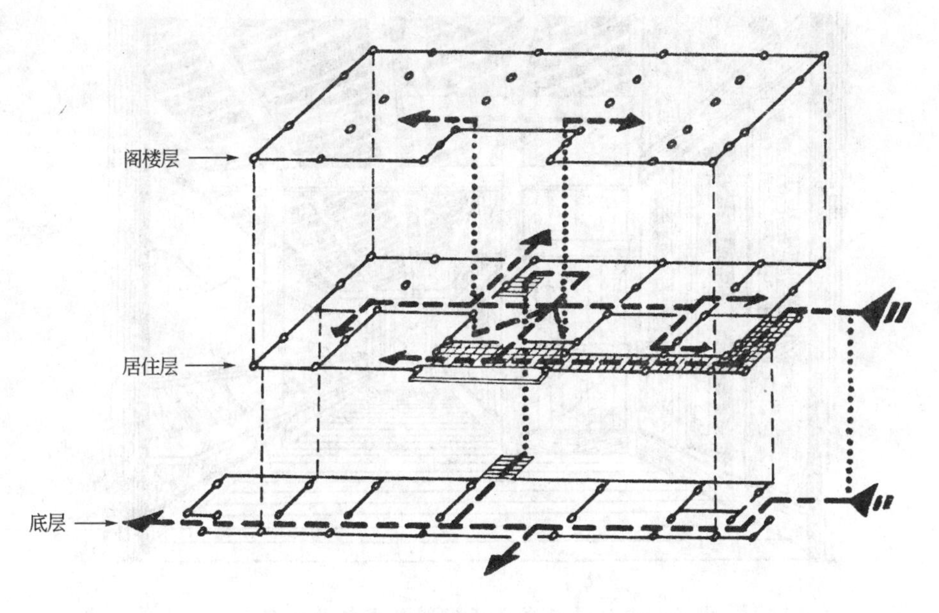

图23　开觉寨李昌文宅交通分析图

综上，苗居堂屋是兼精神与实用、私密与社交、生活与生产、起居与交通等多方面的功用，但其主要的，实质上堂屋是一个家庭的维系空间，是一个精神生活中心。它所处的居中地位是与之相一致的。

退堂。这是由堂屋退进一步或两步，并与挑廊的一部分共同合成的一个半户外空间（图24）。它既是堂屋前的缓冲地带，又是从室内导至曲廊入口的过渡区域，室内外空间在这里相互渗透融合，因此在居住功能上退堂表现出特殊的作用。

退堂靠边常设置栏凳（美人靠），并加简单装饰，有的在前部增加披檐，扩大空间，成为一方正的敞厅，夏天全家在此纳凉进餐，尤为舒适（图25）。有的退堂由于在前部无曲廊之设，宅门改至房后，实际上变为凹廊（图26），但功用基本相同。这种凹廊有的设于山面，大多据有好的朝向(图27)。

图 24　雷山县开觉寨包宅退堂

图 25　台江县南龙寨王宅退堂加披檐成敞厅

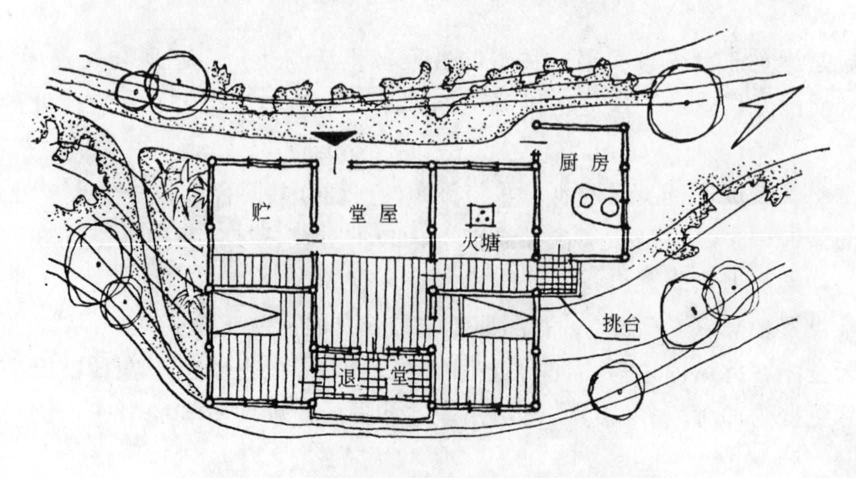

图 26　雷山县猫猫河寨某宅退堂成为凹廊

图 27　正面与山面的凹廊

退堂和凹廊都处于一宅的最佳位置，这里光线充足，空气清新，冬则阳光温暖，夏则通风凉快，是热爱大自然的苗族人民生活中富于诗情画意的地方，他们多在此休息、晾衣、娱乐、作家务等，在退堂眺望远处，山川景色尽收眼底，特别是苗族男女青年尤喜在这里吹芦笙、对歌、刺绣、鉴赏银饰，表现出苗乡特有的民族风情（图 28-1，2）。

卧室。苗族卧室不大，仅供夜间休息之用，室内置床榻和少量家具，白天在内活动以妇女为多。半边楼卧室布置与全楼居不同，多在半楼前部，木地板楼面干燥舒适，同时位置高敞，朝向较好，无论采光通风纳阳均佳，无疑是全宅中最宜居住的位置。卧室壁面开窗，常喜采用一种横向板扇梭窗，洞口虽不大，但开启后因无窗格遮挡十分敞亮，兼借远处自然景色似入画框，苗族妇女多在卧室内当窗缝绣，显得居住环境格外优雅宁静。

图 28-1　自退堂眺望山川景色

图 28-2　盛装的苗族姑娘在退堂对歌

火塘间与厨房。在日常生活中，最具生气，最活跃的部分是火塘间。火塘带来温暖，故在苗居中具有象征意义，代表“家”的概念。[23]火塘在苗族家居中占有重要地位。

从居住生活来看，相对而言，堂屋是一个较严肃的空间，缺乏天伦之趣，而火塘间则富家居的人情味。以温暖的火塘为中心，四周摆设坐凳矮椅，全家人在这里围火取暖，聚谈家常，休息娱乐，家务会客，尤以设宴就餐，热气腾腾，敞怀豪饮，酒歌互答，极富苗家乡土生活气息（图29）。

除此之外，火塘间与厨房的关系十分密切，因火塘不仅用作取暖，也兼作炊事，是厨房的辅助部分。总的来说，人们在一日之中，逗留于火塘间的时候比其他任何房间都多，因此可以认为它是一个实质性的生活起居中心。这是苗族民居的一大特点，也是与汉族民居显著不同之处。

苗岭山区山高地寒，云雾弥漫，雨水丰富，空气相对湿度甚大，苗族故有终年围火塘“向火”

图 29　台江县施洞口偏寨杨宅火塘间透视

的习惯。在当地汉族则多用“火箱”烤火，大小形状如挞谷用的拌桶，周边高而宽，内置盆炭，众人围坐而烤之。此法较火塘暖和，并且节省能源。同一地区之所以有如此不同，是因为苗族火塘有取暖炊事等多方面的用途，而汉族的火箱仅供取暖而已。火塘方式反映了苗居所保留的较古老的生活习俗。

火塘一般二尺见方，常有两种做法，一是在地面上掘坑，深半尺许，周栏以边石。另一是在木楼面上开洞，上置木盒或垫板，围石盛土，下支以梁枋。也有在楼面上设活动火盆的。火塘上立铁制圆形三脚架，上置锅烧煮。[24]也有以三石鼎立代替铁三脚，亦如藏族之“锅庄”。

苗居火塘间大多设在半边楼后部，与厨房分据堂屋左右，尽管各自独立，但仍有不少炊事活动在火塘间进行，常是厨房作主食，火塘作副食，尤其在冬季，主副食几乎都在火塘间烧煮，厨房等于虚设，仅供饲料加工而已。另外一种布置，火塘间在正房之内，厨房紧邻其侧或相距较近。有的一板之隔，以门相通，甚至合在一起，略加区划，为一个空间的两部分，这种布置使用上更加方便，但也反映出厨房在居住建筑的演变中还未完全从火塘间独立分化出来。特别是厨房多置于磨角或偏厦、披屋之内，更可见苗家仍视火塘间较厨房的地位重要（图 30）。也有将火塘间并入堂屋，平面为二间者较多采用，使用面积更经济紧凑。

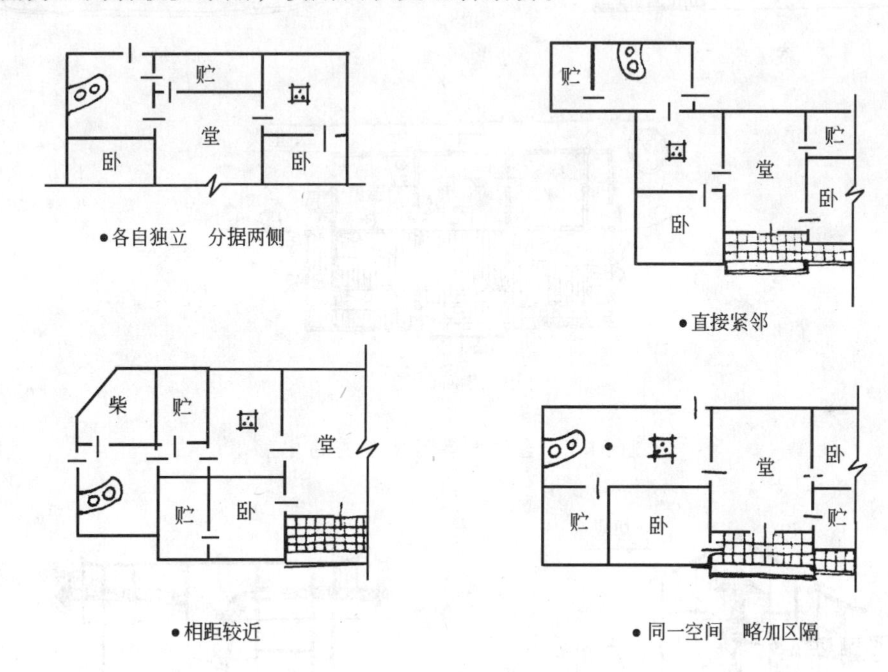

图 30　火塘间与厨房的关系

火塘间置于房屋后半部的优点较多，它一方面与堂屋相通，保证起居功能的联系，另一方面较利于隐蔽，保证房屋使用一定的私密性。因为苗家风俗只有比较尊贵亲密的客人才能允许进入火塘间。同时位于半地部分，与厨房一样，对于防火也有好处。而在全楼居中，若将火塘置于底层，与堂屋、卧室等房间联系不便，若置于楼层，则要加强防火措施，比较麻烦。两种建筑形式火塘的布置，各自的利弊自不待言。

火塘间的功能除了满足上述生活要求之外，还有生产上的用途。借火塘烟火烘烤谷物、加工食用等是节约能源的一项措施。常在火塘上空吊挂炕篮，或利用横向穿枋搭设炕架，简便易行，富于实效。为排烟雾，火塘上部通敞与屋顶空间相通，烟雾可自敞开的山面处逸出。还有的苗居将火塘设于堂屋正中，上空搭设炕架，处于阁层留出的楼井口内，由大门进风，自下而上烟雾从井口通过整个阁层，至两山面分别排走，形成一个循环通风系统（图 31-1，2）。

为利于保温，火塘间面积不大，一般 12 平方米左右，小巧紧凑。家具均较低矮，与火塘在使

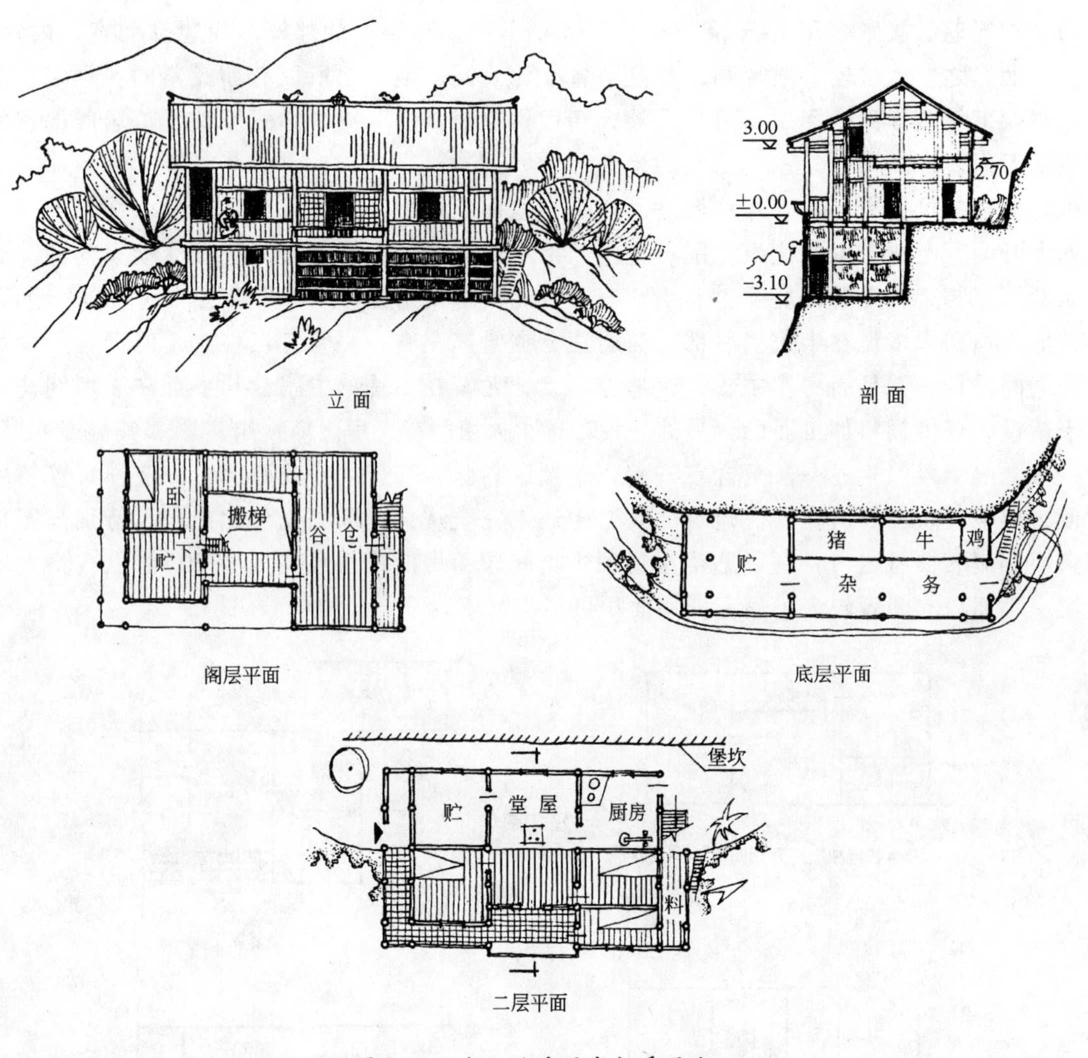

图 31-1 台江县番召寨杨秀昌宅

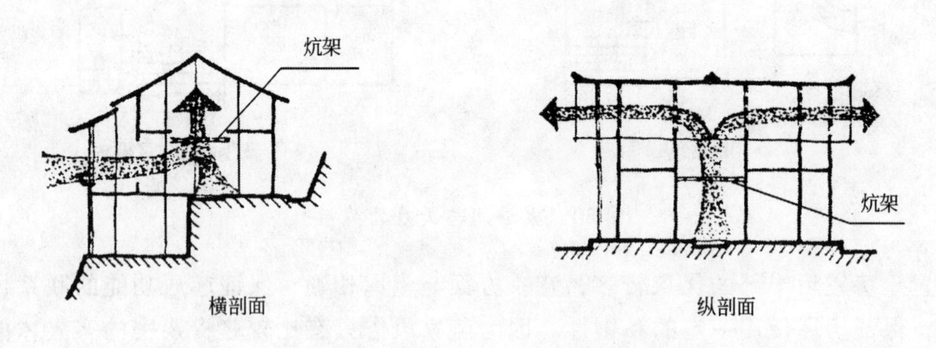

图 31-2 杨秀昌宅火塘排烟通风示意

用上的尺度相适应。靠壁设有柜橱桌案之类，取拿食物用具十分方便。

火塘在全宅中占有特殊地位，从日常生活实用价值来讲，甚至超过堂屋，它既是一个生活起居中心，又是一个多功能合用空间。

火塘间的布置和使用，完全是从苗族生活习俗出发的，居住功能十分合理，同时也应看到，这种炊烤兼备的方式固然一部分原因是可以节约燃料，但不能不认为它是原始习俗的遗意，表示着苗居演变发展所处的一个阶段。类似的情况在其他不少的民族中也存在，说明火塘在民居发展演变中有着共同的规律。[25]至于这种方式的存在，一方面是习惯力量的历史情性，另一方面也是由于生产力水平低下和自然环境条件所使然。我们应对上述合理性有一个较为全面的历史的辩证的认识。

(2) 以生产为中心的底层

生产活动主要解决一个“动”字。苗居中多数繁重的生产活动安排在底层，相对居住层来说，它是“动”的空间，而居住层是“静”的空间。

苗家生产和家务活动内容繁多。晒晾粮食作物，饲养家禽牲畜，纺染织缝刺绣，舂磨食用加工，以及竹编、挖瓢等副业生产，有的家庭银匠，还备固定的银作专房，此其为杂。农用具搁置，柴禾木料堆放，饲料肥料贮存，什物杂件保管，数量不均，大小不一，形状殊甚，都较难于收捡整齐，此其为乱。猪牛鸡鸭，圈栏厕所，多生污秽，漂染织物和各种洗涤等不洁用水，易污染环境，此其为脏。对于这些“杂、乱、脏”的特点，如若安排不当，对居住环境质量有很大影响。同时，苗居周围山高坡陡，不像汉族民居可设宽敞的院坝，所有生产活动几乎都要在户内进行。如何解决上述矛盾，重要的在于应有一个相对独立的利于生产活动在户内进行的场所。

苗居“半边楼”继承了全干栏底层作杂务院的优点，避免了经由杂乱脏的底层构梯上楼、不便居住联系又碍观瞻的缺点，利用吊脚的坡面空间作底层，以它为主安排生产活动。与全干栏相比，它更具优越性，因这种方式底层更为隐蔽，与居住层既有严格区分，又有密切联系；既互不干扰又相为补充。如前所述，居住层也有部分生产和家务劳动，但一般都比较轻松干净，劳动强度不大，而体力活较重较脏的劳作则大多安排在半楼底层。再者，全干栏底层除收获期间利用较充分外，平时不免过于宽大，浪费空间，而半干栏底层安排紧凑，利用率高，一般小家庭的生产要求尚可满足，但空间却省了一半，这对于降低房屋造价是十分可观的。

底层的构成。底层空间低矮，层高 2 米左右，进深随半楼楼面而定，一般不少于 3 米，内部空间有的不加隔断，为一通长甬道式空间，也有的分间设以板壁、竹编墙，作为单个房间使用，以小门串通。外墙处理多样，可用疏排木条作栅栏，或以杉皮、芦席、荆条等作围护，多通透开敞，内隔房间者外墙施以板壁，上开小窗透气采光。

圈栏是底层的主要设置，猪牛鸡等禽畜集中成一小区。尤其水牛是苗家宝贵的生产力和财富，深受爱惜，故与人常同处一房，绝少在宅外另建畜栏，有利安全，以便看管，也少占基地。即使不用干栏式的地居式住房，不少苗家也将牛圈设于房内，不怕污秽，“与牲口俱夜”。[26]

为防止牲畜活动损伤崖壁，靠里仍设横栏，或装板壁。牲畜出入设侧门与外联系，故山面分层有两个入口，上为人行所需，下为牲畜专用（图 32）。底层与居住层的联系除内部梯道外，也利用外部这两个入口。

圈栏部分的安排还考虑与厨房的关系，将二者分层布置于同侧，从厨房拿送饲料及管理都较方便，不用穿过室内其他房间，减少干扰，更为合理（图 33）。

圈栏设于半楼底层不仅使牲畜有一个独立的环境，而且污染源集中在下部，易于清除各类污物，不致碍于居住面的活动，且鸡鸭等禽类不易上楼入室，居住层比较干净卫生，不受干扰。这一点是地居式住宅所不及的。

除圈栏之外，底层另端作为农具、肥贮、堆料等用，中段留出较宽面积设冲碓、柴砧、梯道等，并有一定活动面积便于体力劳动，更宽裕者还于底层设卧室及火塘，便利牲畜的保护和管理。

防秽与防潮。底层一般秽气较大，主要来源于牲畜。除了作开敞处理，利于透气外，有的采取与之相反的封闭法，将圈栏在内部用板壁完全隔断，外壁也同样封闭，仅开小窗透气，而其余部分仍开敞。此外，改进楼面构造做法，不让秽气上窜，影响居住层。采取的措施有二，一是楼板结合采用企口缝，咬齿紧密，减少缝隙，二是在楼地面交接处将楼板搭头增长，一般为 100～200 厘米，端头钉以通长木三角条，嵌入地面，可堵死泄气，防止板端腐朽，木条又易于更换（图 34）。

图 32　山面上下两入口

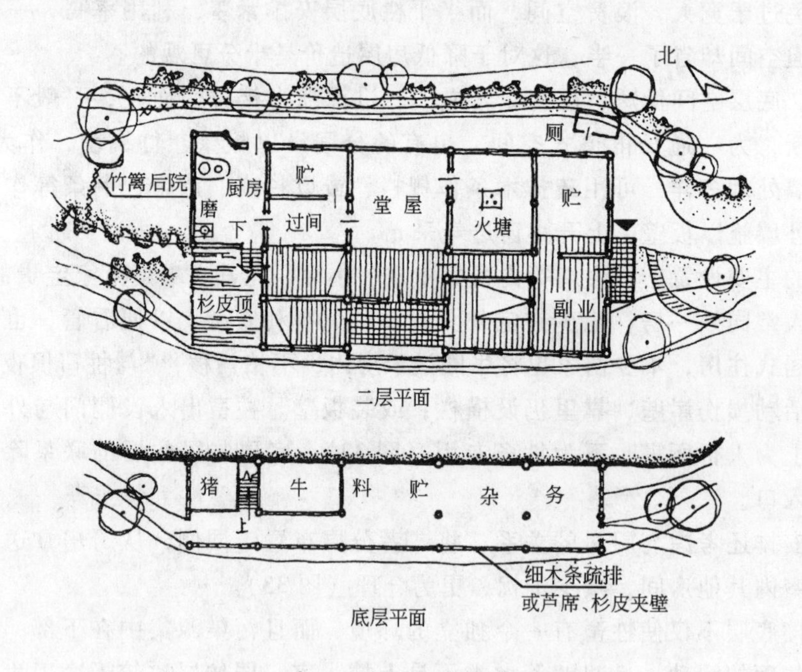

图 33　雷山县大沟开觉寨李应福宅

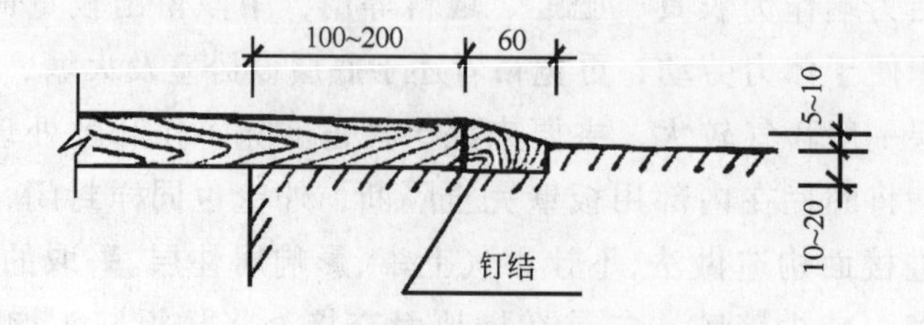

图 34　楼地面接头防秽气处理

底层靠崖半壁地潮较重，易腐蚀建筑下部木材，又不利牲畜关养。苗居对此采取综合处理的办法，首先改善房屋排水系统，不因山区坡陡利于排泄就忽略人工排水的组织，房后除了开设排水明沟外，后檐吊挂木枧槽，将屋坡雨水接出引自山面排走，既可防止崖壁被冲刷，又可减少后部地面水的浸蚀，尽量使地基含水量减至最低限度，这是防的办法。其次，加强壁面处理，将后墙泥层拍打密实，减少毛细现象，表面用草筋膏灰粉刷，阻止潮气外渗，底层空间也较美观，这是治的办法。也有将后壁改为石砌堡坎，接缝处理不严密，亦有渗漏现象可引沟泄出屋外。一般经上述防治结合的处理后，底层还是较干燥的。

晒台。晒台是山地住居一项重要的生产设施，它相当于院坝的作用，主要用于晾晒粮食。晒台多设于底层之外，沿纵向展开或局部设置（图 21，35）。底层外壁设门与晒台联系，搬运收藏粮食较方便，尤其当地多雨，这种布置有利于迅速抢收。底层所提供的临时性贮藏面积，也便于晚间收存，于第二天再晒。这些甚为忙碌的生产活动都在底层进行，居住层完全不受到干扰和影响。

为争取空间，晒台布置方式很多，除大面积设于底层外，从居住层、阁楼层，甚至屋顶上都可架设，有的还与入口雨棚结合，一举两利，反映在房屋外观上，晒台成了建筑造型一个活跃的构图要素（图 36、37）。

晒台的构造方式常有两种。一是支承式，即用吊脚柱支起台面；一是悬挑式，即从室内伸出横向梁枋挑起台面（图 37）。台面系由纵横枋组合成骨架，上铺设密排细木条或边皮木板之类。农作物置于簸箕晒席内，然后放在晒台上晾晒。这样收捡方便，晒台也不必做得精细。由于晒台暴露于户外，日晒夜露易于损坏，上述做法更换也较经济省事。

居住层的晒台则讲究一些，有的甚至装设简易扶栏，因常有人在上面活动。一般靠近入口处设置，类似傣族竹楼“展”的作用。[27]除晾晒谷物外，也供洗涤、晾衣、晾布等，夏可坐月乘凉，冬可纳阳取暖，为山地住居争取了户外活动空间。

从前寨旁宅外还普遍设有晾架，用二根或四根长杉木作立柱，再架横木十来层，作挂晾摘禾把之用。后来摘禾的收获方式逐渐减少，晾架也随之消失。

图 35　纵向设于底层外的晒台

图 36　晒台的设置丰富了建筑造型

• 支承式

• 悬挑式

图 37　晒台的两种基本构造方式

(3) 以贮存为中心的阁楼层

家务管理主要解决一个“贮”字。农村民居家务管理内容头绪庞杂，在建筑处理上如何使管理井井有条，大量性的各种贮存当是关键。苗族家庭贮藏有独自的特点，贮藏方式也颇为特殊。

苗居贮藏室间主要是阁楼层，常布置在次间上部，堂屋上空也有辟出阁层的，只不过高度稍低，因此阁楼层贮藏面积很大。如图38-1，2，在这个实例中阁楼层面积达120平方米以上，还不包括山花夹顶在内。

阁楼层木楼面制作工精严密，多用企口缝拼装，缝隙很少，表面刨光，以便于谷物直接散堆在楼面上。苗家贮粮很少用囤箩围席之类，大多为散堆，故楼面荷重均匀，单位面积负荷量小，可以减省楼面用料。究其原因，主要是这种贮藏方式对粮食保管有利。因为苗岭山区湿度大，粮食谷物极易受潮，集中堆存所产生的热量难于散发，以致造成霉烂，而散堆不仅易于扩散热量，且有利自然风干，即使是半晒干的谷物也可堆放在阁层。当晒台使用紧张的时候，能够相互调剂，尤其当地多阴雨天气，晾晒谷物仅凭晒台是不敷应用的。

由于阁楼与山尖屋顶空间连通为一整体，横向各构架处不设间隔，两山面多不封闭，有的四周墙壁亦为半开敞或全开敞，设板壁围护者也多前后开窗，因此整个阁层空气连通一体，对流良好，对风干粮食自是有利。除了楼面散堆外，构架间多设水平横木或增加纵向拉枋，吊挂仓谷、

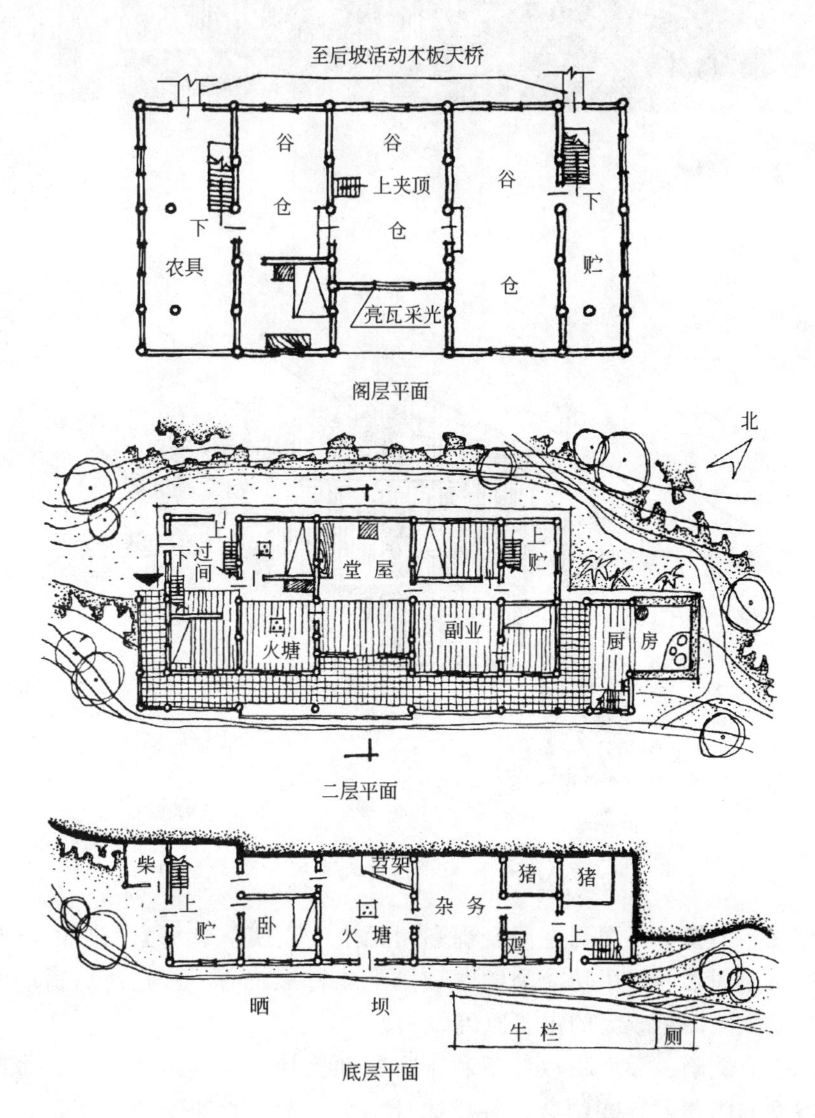

图38-1　雷山县猫猫河寨余文中宅

外观

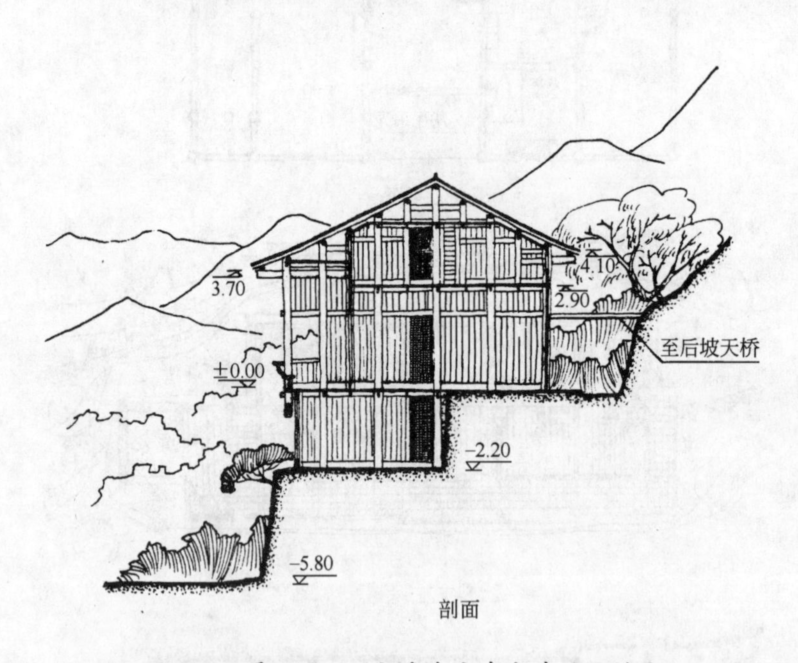

剖面

图 38-2　雷山县猫猫河寨余文中宅外观及剖面

豆荚、辣椒之类作物，阁楼从平面到空间全部利用无余。收获季节每家每户的丰收景象可在阁楼层得到充分反映。所以阁楼的使用功能是贮藏和风干二者得兼的。这是苗居适应气候条件一种合理的建筑处理，也是贮藏面积较大的主要原因。

上述贮藏方式也有缺陷，大面积散堆不利于防鼠和保管，尤其山地野鼠，偷粮惊人，所以苗家还备有专门的谷仓与阁楼贮存相结合。谷仓体量不大，常独立建于户外不远之处，系全干栏式建筑(图 39-1，2)。高高的柱脚，架空的仓廪，四周封以板壁，屋顶留出空间，下可防潮避鼠，上

图 39-1　贵阳高坡某寨粮仓

图 39-2　雷山县某寨粮仓

可透气散热，常常库存较干的谷物。有一种谷仓防鼠措施更是周密备详，即在柱顶设置巨大圆盘木垫或大块光滑卵石，使老鼠无法翻越，谷仓搁置其上，自是十分安全（图 40）。这种谷仓建于户外，考虑防火也是一个重要原因。

• 柱顶设圆木盘

• 柱顶设光滑卵石

图 40　粮仓防鼠构造措施

阁层的交通联系除前述在居住层设搬梯或固定板梯外，有的则利用地形设置天桥与后坡相通。天桥为活动式跳板，必要时搭设，以供搬运粮食等专用，不致影响居住层的生活（图38）。

阁楼层空间较大，有的还可再利用山尖部分设夹顶，成为一小阁楼，存放不常拿取的什物。当居住层安排较紧时，也可调节部分卧室上楼，居住晚辈或客人。平时，除了贮存谷物外，也搁放较轻便的农用具、杂物等。

阁楼层稍加提高，则变为完整的一层，作为第二居住层，有的还将退堂栏凳设至该层，远眺则“更上一层楼”。这种外观三层的半边楼也并不少见（图41-1，2）。

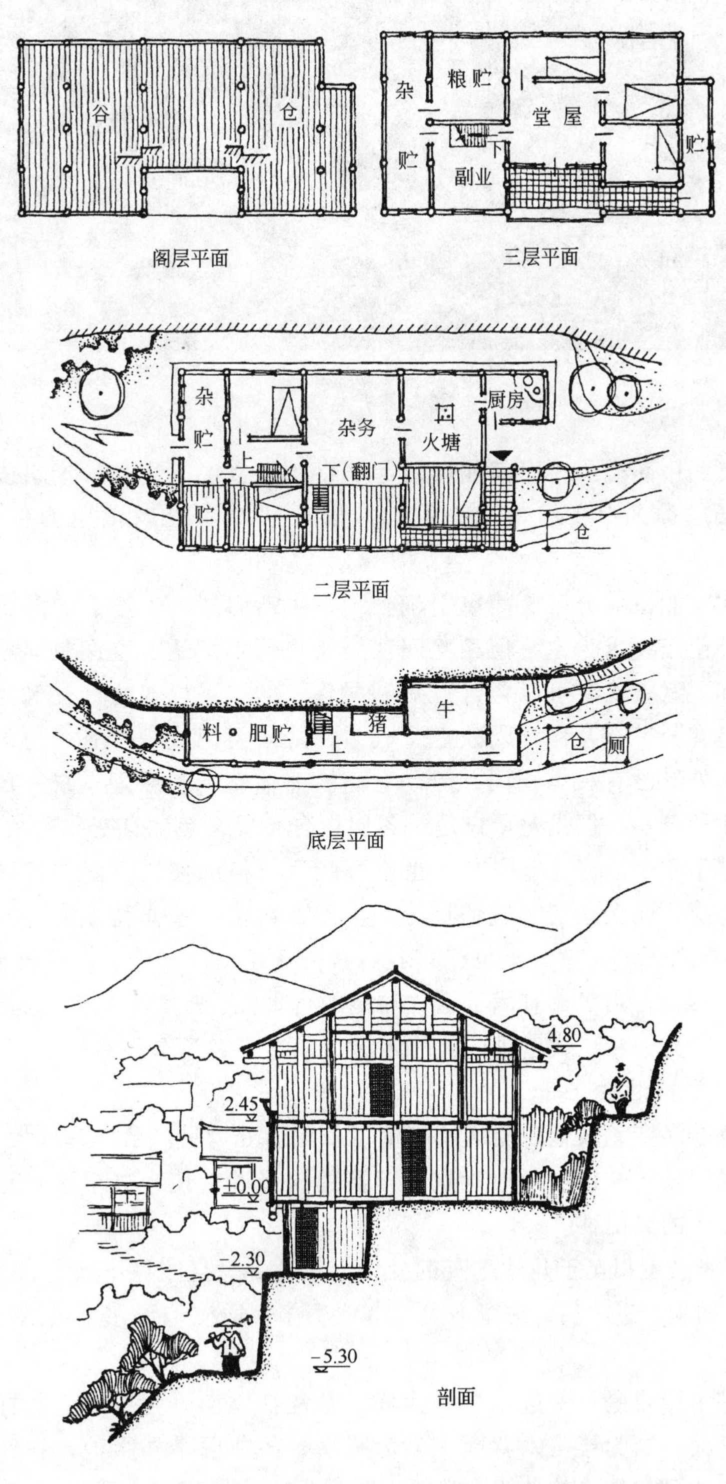

图41-1　雷山县开觉寨杨华宅三层半边楼示意图

图 41-2　雷山县开觉寨杨华宅外观

大宗的谷物粮食利用阁楼层，而其他生活起居常用的食品、用具、饲料以及体大量重的贮具如黄桶、缸罐、酒坛之类，则在居住层设贮间。居住层的贮设以常用物件保管取拿方便为原则。

苗居半边楼居住功能按层分区，简单明确合理，生活起居、生产、贮藏都得到妥善安排。上中下三层各以某一种使用要求为主，但相互间功能又可调剂渗透，空间具有很大的伸缩性，如居住层可以包含生产和贮藏，底层可以包含贮藏和居住，阁层可以包含居住和生产，但并不因此产生干扰与混乱，而是有分工有合作，既独立又联系，共同组织成一个有机协调的整体。正因为如此，尽管每单户苗居外形没有一个相同，但是它们的总体布局与原理是统一的，另一方面，尽管苗居平面形态模式比较单一，但是每单户建筑各层组合布置又是饶有变化的。

本来，农村住宅中各个居住功能没有、也不可能有严格的使用界限，苗居的平面布局正是反映了这种客观实际情况，而无任何机械的划分，生硬的拼凑，这样就能充分有效地使建筑平面和空间“各尽所能”，提高了利用率。这也正是我们对待建筑功能划分所持的辩证态度。

苗居半边楼建筑形式，由于具有满足居住功能的合理性，成为他们较为理想的居住空间模式，被当作一种通用居住单元，在广大苗疆的腹心地区得以普及，历久不衰。

2. 适应山区地形的灵活性

苗岭山区地形复杂多变，坡地、陡坎、峭壁、悬崖随处可见。苗寨基址大多选在30°以上的大坡度地段。苗族人民积累了长期在山地营建的丰富建筑经验，使半边楼这种形式能适应于各种复杂地形，布置具有很大的灵活性。

它不但可以在各种坡度以至于几达垂直的陡坎上架立，而且能在不规则、不完整的复杂地段上建造。同时，它的开间少、进深浅，体型不大，占地不多，适应地形尤为灵活，几乎不受基地条件的任何限制。

因为半边楼的基本构成是：一般以中柱为界，基地在纵向分为二台，长柱立在低的前台，短柱立在高的后台，正面一半为楼房，背面一半为平房，居住面半楼半地，在此基础上楼地面比例可以随意调整变化，协调与地形的关系，有效地同地形起伏紧密镶合而建造起来。

(1) 适应各种坡度的变化

当坡度变化时，房屋布置在平面上可进可退，半边楼的楼地面比例亦随之调整，按建造者的意图，或争取使用空间，或节省原材料，或减少工程量，均无不可。

缓坡地段，平面前移，楼面部分增大，地面部分减小，可以扩展半楼底层空间，只是材料消耗较大。

陡坡地段，有三种情况：一是平面后移，楼面部分缩小，地面部分增大，既保证楼底的使用空间，又节省建筑材料，方便施工，惟土石方量稍增。二是平面不退，而使用条件又要相同，则前砌筑堡坎，取土石方挖填平衡，仅略增加劳动量而已。三是不作筑台，平面前移调整，使半楼部分变为三层，获得更多的空间。

峭壁岩坎地段，房屋或附崖跌下，可达2~3层，整个变成楼面，或大部建于崖顶平面，少部悬挑吊脚，均可建造起来（图42）。

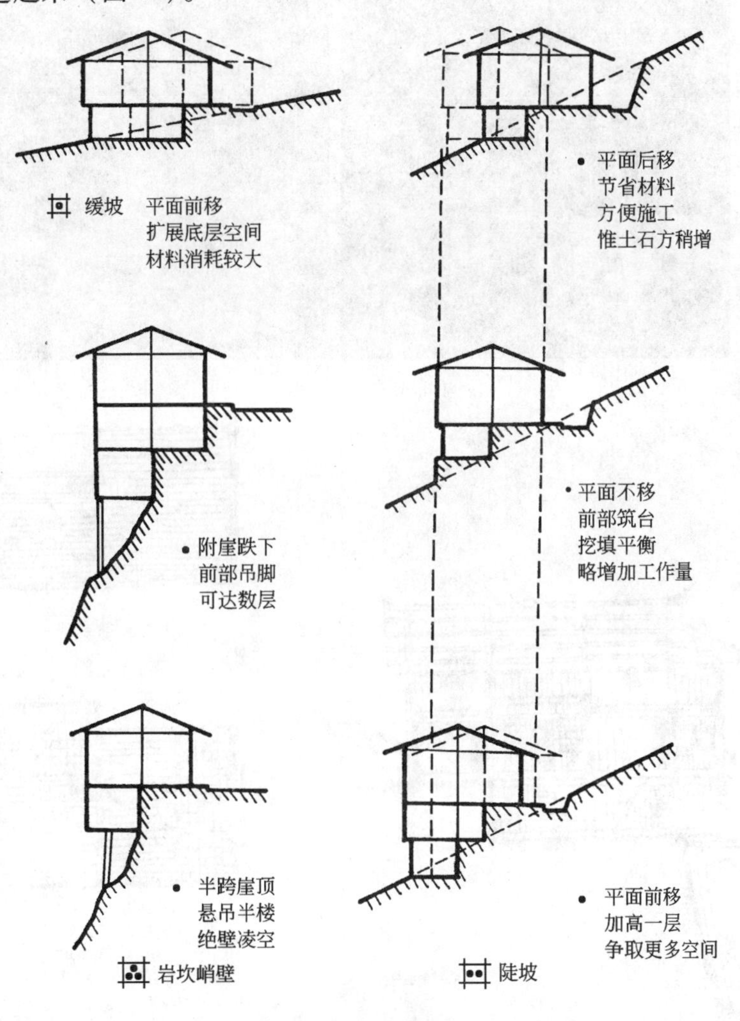

图42　半边楼适应坡度的几种情况

除此之外，在剖面上调整有关的高度要素，以适应坡度的变化也是方便易行的。如坡度小时，将半楼底层的层高略减，坡度大时，将之略增，而居住层空间保持不动，丝毫不受影响。这种方法与平面的进退调整相配合，在水平垂直两个方向对坡度协调关系，完全可以找出满足使用要求而又经济省事，便于兴建的理想最佳位置。所以这种建筑形式实际上不是被动地适应地形，而是主动地利用地形。以上是纵向半边楼的布置情况。

当房屋垂直于等高线布置时，多用横向半边楼，房屋呈天平地不平跨越等高线，取2~3个分台，以不等高柱脚顺坡而下，都能方便地建造于各种坡度的地段上（图43）。

山面外观

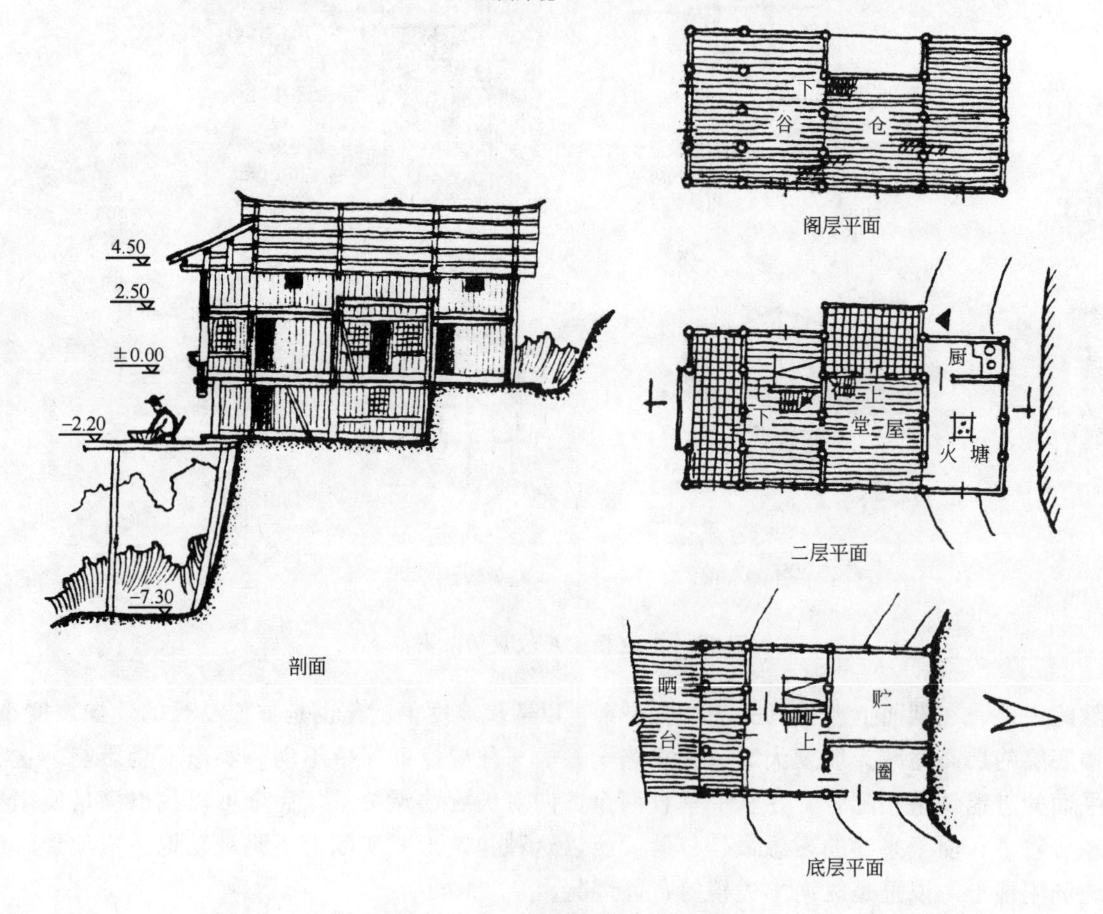

图43 雷山县西江羊排寨某宅

由上可知，半边楼形成的处理集中在不平的基面，表现出极强的山地适应性，基地坡度越大，越显示其优越性。在陡坡上建造，不但可争取更多的使用空间，还能节约材料，减少工程量，从而降低造价。这就是为什么半边楼在浅丘地区较少，而在高坡地区较多的主要原因。

（2）适应各种复杂的地形

对那些形状不规则、不完整，表面起伏剧烈的地形，用调整楼地面比例的办法也能应付裕如。从居住面看，半边楼是纵向一半房屋下吊为楼。针对地形实际现状，可利用不完整地形中某些突起部位作为依托，设置地面部分，而将其余部分，或一间，或两间，或前半，或一侧，灵活地下吊为楼。如图44，房屋利用坡面外突的一块崖体，辟为地面，而其余大部作为楼面，形成所谓的“双向半边楼”。

基地形状不规则处理手法有二。一是以方补缺，即以规则的房屋平面对不规则的基地，增设楼面以补齐缺角部分。图45所示，某宅基地缺去一角，下为陡坎，临坎设路，房屋建在坎上，挑出楼面，补其缺角，房屋平面仍方正完整，路自房下通过。二是随曲合方，即以不规则房屋平面对不规则基地，利用地面，因势割取，随曲折变化布局，不强求规矩划一。图46所示，基地前缘为一长斜弧形，布置一字形完整平面比较困难，故入口设于侧面，就曲折之势布局，左半平面分间错出，呈齿状递进。房屋右角临坎，则取以方补缺，设楼面出挑，全其一角。

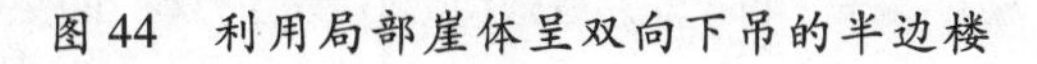

图44　利用局部崖体呈双向下吊的半边楼

图45　“以方补缺”

地形起伏多变半边楼则发挥吊脚柱的作用，随地势高下，灵活调整支柱的位置与长短，完全无须改造地形，不论基地如何奇形怪状，都可找到立足之地（图47）。

（3）利用地形常见的几种处理手法

半边楼本身就是利用地形的一种建筑形式，实际建造中还辅之以多种手法，适应地形更加灵活自由，并产生出种种生动活泼的建筑形象。常见的手法不外乎下列几种：

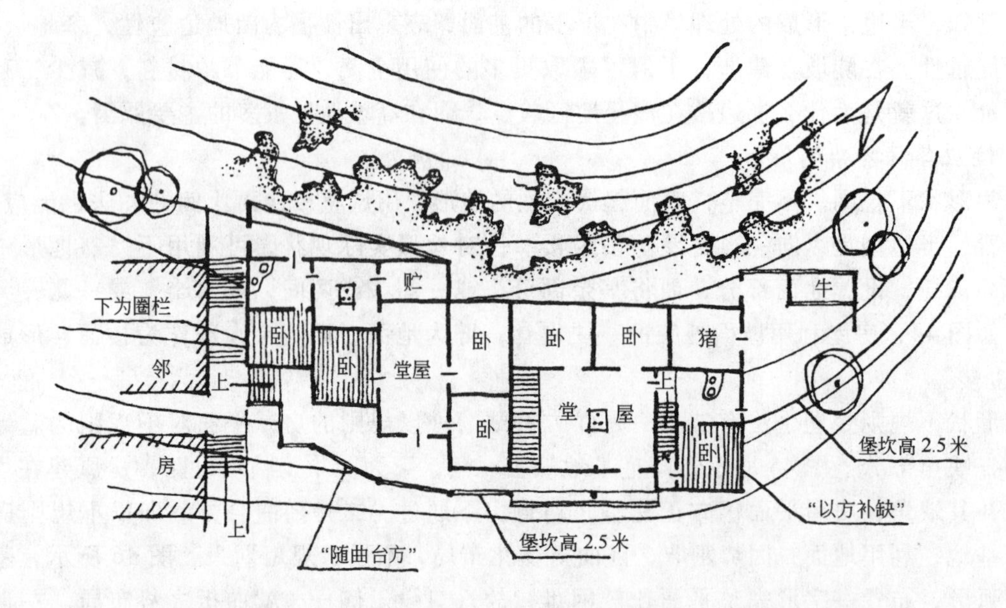

图 46　台江县台拱寨王干成宅适应不规则地形的两种处理手法

图 47　适应复杂地形之吊脚柱

因坡平基，分阶筑台。此为山地建房的普通方法之一，但苗居筑台不同的是，直接影响到建筑形式的形成。半边楼本身就是以筑台为前提产生的。苗居平基较易，土方量很微，因为台面狭窄，常是一房二台，垂直于等高线的横向半边楼有一房三台、四台的，即一间占据一个台面，各台之间多于室内设踏道联系，不似全楼居非一房一台不可，与其他某些汉族民居一台数房或一台一院，呈几台几进的布置也大不相同[28]。苗区坡大，筑台很高，虽土方量小，但石砌工程量大，在立面上占有十分醒目的面积（图 48）。

悬虚构屋，临坎吊脚。房屋上部柱子向下伸长支于坡面，称为吊脚柱。半边楼就是一种吊脚楼，不过它多是大面积全方向纵长一半吊下，是纵向的"天平地不平"，楼底空间可以利用。当坡度陡峻，吊脚较长，下部空间任其敞开，不加利用而悬虚更甚。这种方法在复杂地形条件下，可采取长短不一，甚至每柱不同高的做法加以适应，不动天然地表，故应用颇广。吊脚常与筑台结合，有的长吊脚柱附坎设置，稳定性加强，断面用得不大，较为经济（图 49）。

图 48　因坡平基　分阶筑台

图 49　悬虚构屋　临坎吊脚

依附崖体，陡壁悬挑。半边楼后部附崖，前部利用挑枋悬挑出部分房屋，如挑廊、挑楼等。为了获得更多的空间，从底层利用地脚枋出挑，有的逐层出挑形成上大下小的剖面。半边楼的曲廊为主要通道，可全挑，也可半挑，挑廊可以包建筑一面、二面或三面（图 50）。悬挑与吊脚结合可以伸出很远，“借天不借地”，在陡崖之上实有“凌空飞绝壁”之感（图 51）。

利用边角，加设披顶。房屋四周所附单面屋顶，可为披檐或披屋。披檐出际较短，多作挑廊之覆盖，或墙面之保护（图 52）。其布置十分灵活，可以分段设置，成为雨搭，也可绕房屋三面、四面设置，构成重檐或歇山式屋顶。有一种特别的披檐设置为它处少见，即披檐位于正房屋檐之下，仅低一封檐板厚度，使整个屋面呈上下两阶形状（图 53）。这种形式别致古朴，与汉代早期歇山顶相似，或许为古制之遗风[29]。披檐挑出一般为 1 ~ 1.2 米。它不仅是遮阳挡雨的建筑构件，也是丰富建筑艺术形象的造型语汇。

披屋常附于屋后，在房左右的披屋多称为偏厦，一般于宅周边角地加建，可充分利用基地，作为厨房、贮藏等次要房间。披屋和偏厦对正房外墙起一定的保护作用，并提高侧向抗风能力，增强房屋在坡地上的稳定性。同时，单调的一字形体型得以丰富变化，房屋更形生动活泼（图 54）。

因地就势，增建梭屋。屋面顺坡而拖下，可增加使用空间，苗居多采取通长向前的梭法，形成前低后高的剖面，与汉族地区多向后梭呈前高后低的形式恰恰相反。苗居中也有少数向后梭的，仅限于正房的一间或二间，而且后檐高度也不如汉族民居梭厢那样低至仅过人身（图 55）。

以上各种手法多为山地建筑所常用，只不过苗居的建筑形式和地形条件关系紧密，加之地形变化剧烈，表现更为突出而个性特征鲜明。这些手法常综合运用于一幢建筑上，处理巧妙自然，与环境镶合十分得体。如雷山猫猫河寨余志良宅（图 56），建在一块三面临坎的坡嘴上，基地异常狭小，但由于因地制宜采取了多种利用地形的处理手法，成功地解决了布局的矛盾，建筑造型也不落俗套。房屋前部和右侧地形高差不同，在这两个方向分别平基筑台，一作带披檐的前廊，一作带悬挑的吊脚楼。右山墙高大空透，上加设披檐形成歇山屋顶，左山墙出偏厦半间作杂贮之用。前廊入口设披屋式大门，十分醒目。当心间后坡屋面梭下三个步架，扩大厨房面积，右次间梭下两个步架，作为敞棚。整个建筑与周围环境紧密结成一体，构成一幅较为完美的地景(图 57)。

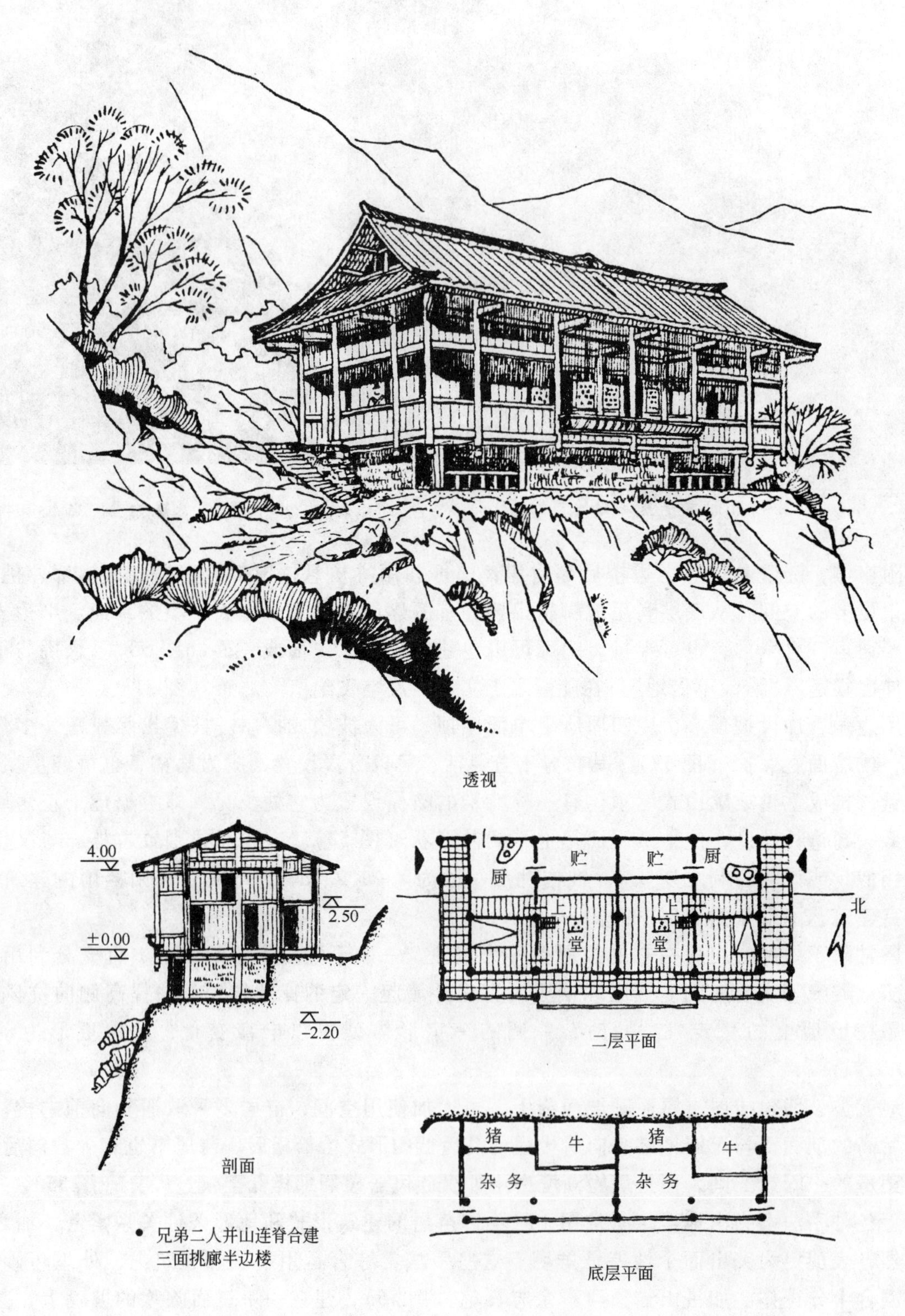

图 50　台江县排羊岩上寨侯宅

图51　挑吊结合　借天不借地

图52　覆盖挑廊之披檐

图 53　悬山屋顶加周围披檐构成歇山屋顶

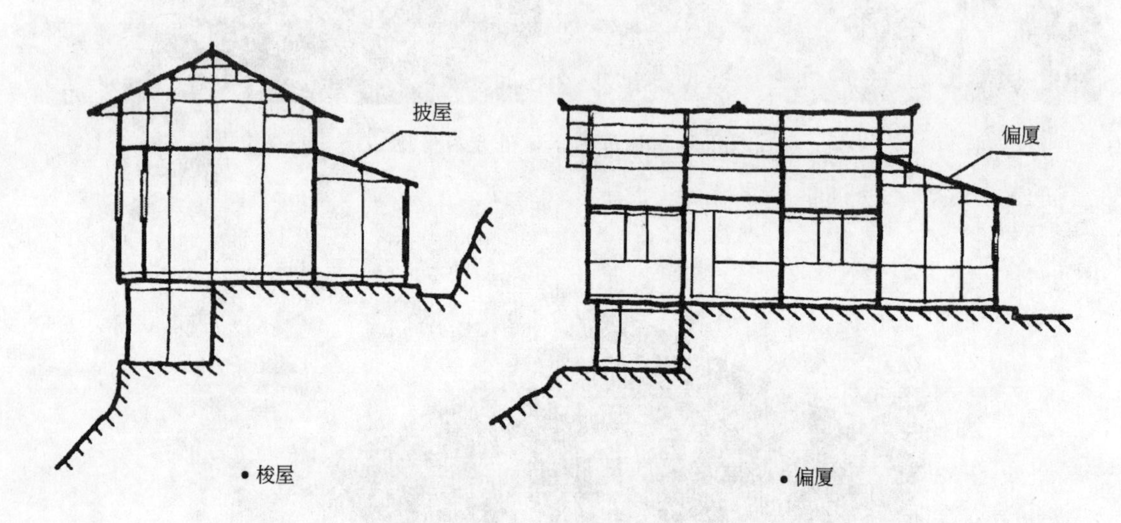

图 54　披屋与偏厦

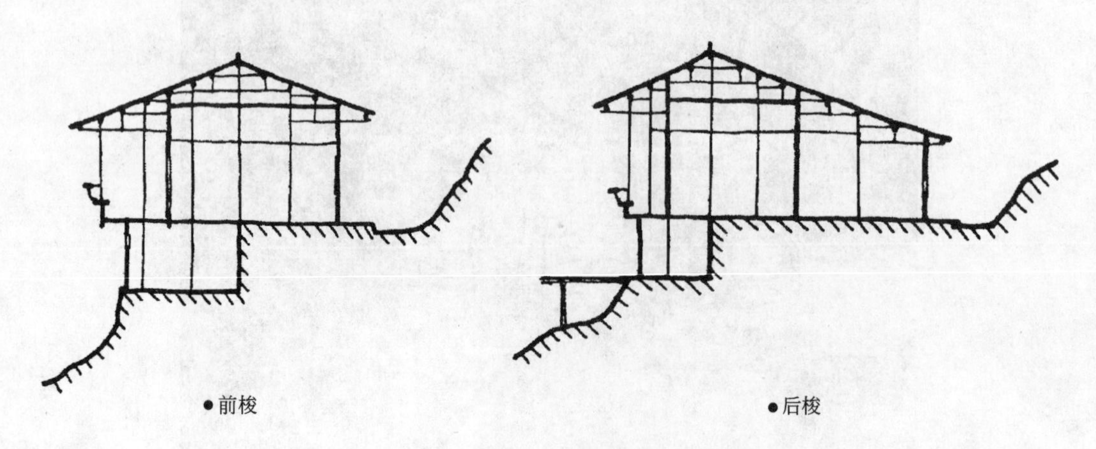

图 55　常见的利用地形处理手法之一“梭法”

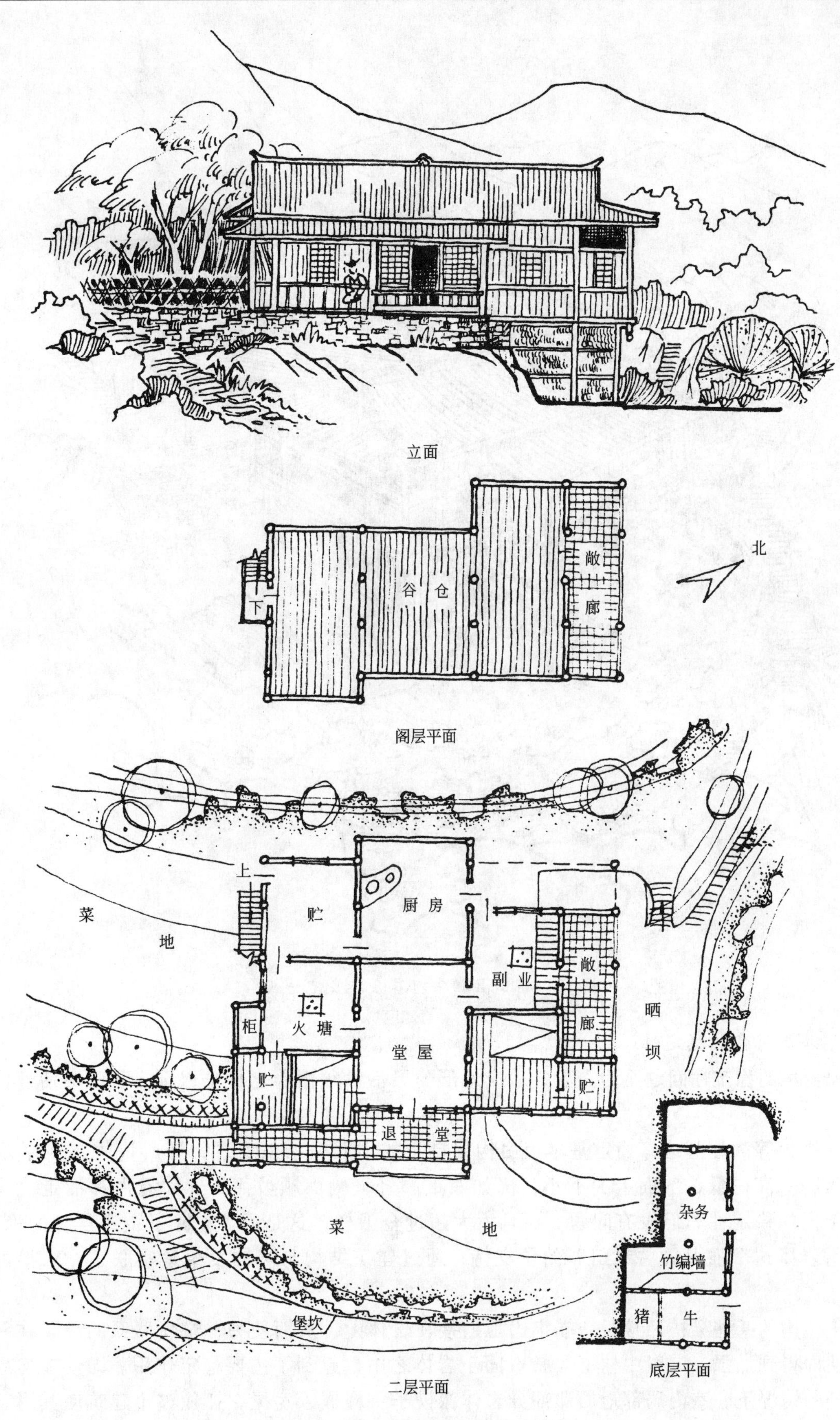

图56　雷山县猫猫河寨余志良宅

图 57　雷山县猫猫河寨余志良宅透视

(4) 房屋可靠的稳定性

坡地盖房的稳定性问题至为重要，适应地形的灵活性须由稳定性来保证，否则灵活性便失去了意义。

全干栏为等高柱落地，稳定基本上由构架自身的牢固联结来实现，即所谓的“四平八稳”。半干栏落脚一高一低，剖面上大下小，恍如头重脚轻，侧面顺坡而下，大有滑移溜走之势。其实，半干栏的稳定性非但没有问题，而且大大超过全干栏，这是因为它除了结构自身的稳定外，还有所附岩体这个强大的“靠山”给予支持，通过建筑结构与岩体发生紧密联系，求得可靠的稳定。

由于结构的某些梁枋及楼板一端牢固地搭接在岩体上，从而使另一端所联系的柱子在斜坡上的稳定性即得到加强。一般中柱下段常嵌固于岩体之中，起到了主要稳定作用。即使在房屋三面下吊为楼的情况下，室内局部地面那部分岩体像楔子一样嵌入房屋，抓住整个建筑使其附于岩体上，不致发生动摇和滑移。

半干栏有一部分基面升高，与全干栏相比重心平均距地相对下降，于稳定有利；后半部柱高减低，外荷下柱顶侧向位移相应减小；结构上半干栏少去两个柔性节点，亦等于少六个自由度，增加一个约束支座，房屋整体变形较小；木构架抗震性能良好，半干栏结构上是一种不等高排架，更不易产生共振；当前后发生沉降或在迎风面的水平风力作用下发生倾斜时，半干栏的抗倾覆能力较强。因此，不论在重心、侧向变形、结构的约束与抗震，以及抗倾覆诸方面，半干栏的受力稳定状态都较全干栏安全可靠（图 58）。

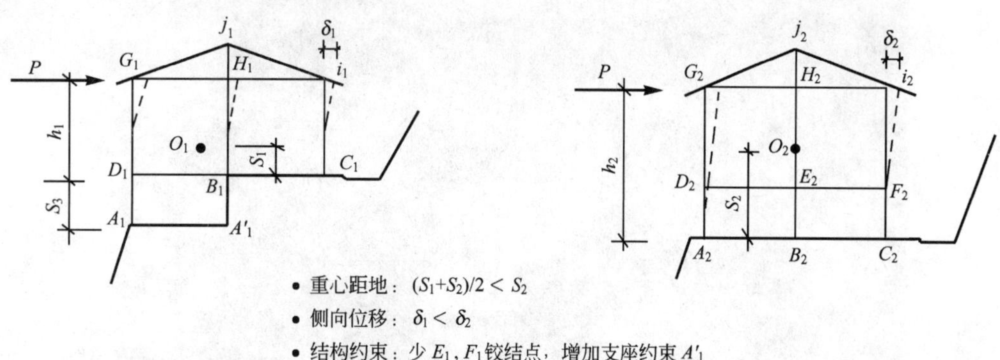

- 重心距地：$(S_1+S_2)/2 < S_2$
- 侧向位移：$\delta_1 < \delta_2$
- 结构约束：少 E_1，F_1 铰结点，增加支座约束 A'_1
- 抗水平力矩：$Ph_1 < Ph_2$
- 前后倾斜：向前，增加抵抗力矩 $\overrightarrow{B_1C_1} \cdot S_3$，
向后 $\overrightarrow{O_1} \cdot S_1 < \overrightarrow{O_2} \cdot S_2$

图 58　半干栏与全干栏稳定性比较

另外，木构房屋已较轻巧，依附岩体增加稳定后，还可适当减小构件断面，使结构重量更小。加之房屋对基地的地质条件要求不高，而基地土石方量甚微，天然地貌无甚破坏，地层结构稳定性得以保持。尤其苗寨选址多在坚实岩丛地段，又避开冲沟滑坡，建筑所依附的岩体自是十分可靠，从而给建筑的稳定创造了有利条件。

所以在广大苗区虽地险坡陡，很少见到半边楼因丧失稳定，发生滑移而倾倒的现象。如从雷山到西江的百里山崖上，不少苗寨半边楼高踞峭壁陡崖之上，悬虚惊绝，轻灵如飘，似乎一阵大风便可将之刮走，但实际上都是十分稳固的。人们经过这里，无不发出惊叹之声。具有聪明才智的苗族人民的这些成功经验，在今后的山区建设中，无疑将发挥重要的作用。

3. 施工建造的经济性

苗居半边楼以最经济的手法，争取空间，合理布局，从设计角度看，这种形式本身便具一定的经济性。而从建筑施工的角度看，它构造简单，方便易行，施工速度快，经济效果也较显著。

（1）基础施工简单

苗居采用木穿斗构架体系，轻巧灵活，承重只集中在几根木柱上，基础既少，又对地基要求不高，仅在柱脚稍加处理即可，因此基础工程量与一般混合结构房屋比较是微不足道的。

通常柱基做法，只是在平基后的夯实面上设置垫石，上立木柱即告完成。垫石一则扩大承荷面，二则利于柱脚防潮。若为岩基，只略加平整，柱子直接置于岩面上，更为简单。而且基础施工大都同平基筑台结合进行，筑台本是开辟房屋基址，但常常成为房屋一个整体式基础，所以在筑台的房屋中是不必另做基础的。有的利用地脚枋挑柱架楼，又可节省基础工程量，又争取了空间，两相其便，更是经济（图 59）。

（2）节省土石方和建筑材料

山地建筑如何节约土石方对建筑经济性具有重要意义。半边楼分阶台面小，只须稍去表土，略加平整，基址就算辟成，与全干栏相比，土石方工程量大大节省。下面我们取常见规模相同剖面尺寸的全干栏与半干栏，在同一坡度地段上加以比较分析。如图 60 所示。

图 59　利用地脚枋出挑

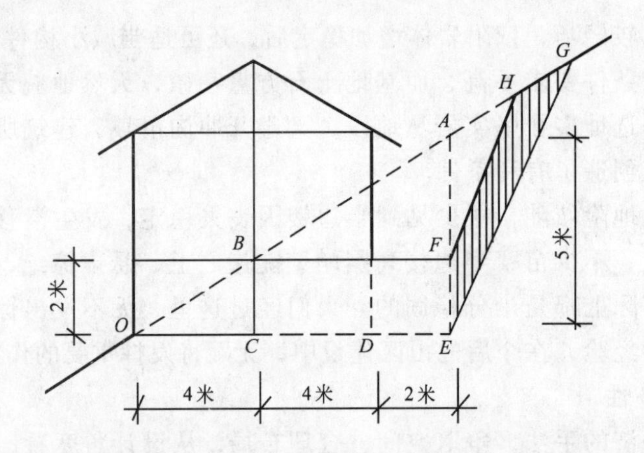

图 60　半干栏与全干栏土方量比较

全干栏基底折线为 OEA，半干栏基底折线为 $OCBFA$，进深均取 8 米，底层半干栏减半为 4 米，层高取为 2 米，房屋后墙距坡为 2 米，为计算方便，后坡假设为垂直陡坎。

全干栏基地开挖土方量为：

$$\Delta AOE = \frac{1}{2} \cdot OE \cdot AE = \frac{1}{2} \times 10 \times 5 = 25(\text{单位})$$

半干栏基地开挖土方量为：

$$\Delta BOC + \Delta ABF = \frac{1}{2} \cdot OC \cdot BC + \frac{1}{2} BF \cdot AF = \frac{1}{2} \times 4 \times 2 + \frac{1}{2} \times 6 \times 3 = 13(\text{单位})$$

两相比较，土方量相差 12 单位，若加上后坡放坡的土方量差（图中阴影部分），在相同条件下，半干栏比全干栏土方量至少可省一半以上。并且，二者屋后空间取退距一样，实际上因各自的高宽比不同，空间舒适感亦完全两样，若全干栏要达到半干栏后坡适宜的空间比例，还须后退，增加的土方量更惊人。而半干栏在坡面上可进可退，灵活调整土方开挖量，按设计意图取有利的一面，使其挖填平衡，还可节省部分工程量。由此可见，半干栏形式节约土方量具有很大的潜力。

除此而外，半干栏半为地面，比全干栏可节省不少木材，而对居住并无何影响。全干栏底层虽多了部分空间，但实用功效并不很大，可是多消耗材料，增加造价，房屋在总体上的经济性自然会降低，这是显而易见的。

(3) 施工速度快，便于分期建造

半边楼建造的速度较快，平时先将穿斗架各构件预制好，兴建时迅速组装骨架。房架立好后，雏形已具（图44）。此后再陆续进行楼面、屋面以及围护隔断的铺装。因是半楼半地的工作面，施工十分方便，与盖平房无异，可以大大加快施工进度。

分期建造的灵活性也是建筑经济性的一种表现。它不仅可以节省一次投资的数量，而且可提早获得使用效益。尤其在经济水平还不高的农村地区，住房便于分期建造，可适应住户各种不同的经济能力，体现了广大农民的建房要求。

苗家起屋盖房，一般是采取房主与匠师相结合，自建众助的形式。在集中兴修时，施工人员较多，因为要“众人齐脚才抬得动房架”[30]，当骨架立好后，只留少数人施工，若经济条件、材料准备不充分，只须铺装好主要部分先解决住的问题，以后再分期完成。而且是先需要哪部分就先装设哪部分，因多为局部木装修，边使用边施工相互并无任何妨碍，所以十分有利于农民自己动手兴建。

(4) 地方建筑材料的应用

善于利用地方材料，就地取材，因材施用，是民居的一大特色。不同的民居各具地方特色是与地方材料的使用分不开的。充分利用地材，对降低房屋造价，也有重要作用。苗居在这方面亦较突出。

筑台多用石砌，当地石质多轻质板岩、变质砂岩、页岩等。有的片石和扁状卵石横纹受压强度不高，由于砌筑多为“干码”，以土塞缝，因此横纹砌筑容易断裂。掌握此种特性，则扬长避短，将石块立排竖砌，而在转角处用大型块石收边，整体上石缝纹路别有风致，这种方法不但砌筑结实牢固，而且施工速度快，苗区采用较多。

当地盛产木材，但苗族人民不因来源较丰便忽视用材的经济性。材质主要为杉、松、枫等，力学性能良好，经久耐用，一般木构房屋寿命至少可达百年以上。构件采用的尺寸适宜，显示木构轻巧灵便的作风，如柱径除中柱略粗外，一般20厘米左右，楼袱断面7厘米×15厘米左右，檩径12厘米左右，楼板厚2.5厘米左右，仅个别地区厚达6厘米以上。尽量不用或少用长材大材是苗居用材的一个特点。除中柱外，全宅少用长料，而且房屋因多逐层悬挑，檐柱均可分段用短料制作。有的中柱为了省料，按层分数段拼接而成。总的来看，苗居用料较为精当合宜。少用长料大料的原因一方面是材质优良，可以节省而不影响使用，另一方面可能与当地山大坡陡难于伐木运输有关。

竹子应用颇广，尤其是一种大面积整体编织的竹编墙，坚韧耐用、造价低廉、施工简易、地方特点鲜明。具体做法是将细长竹3～4根并为一束，充作竖向墙筋，间距30厘米左右，然后用横向的竹条连续编织，每隔1米左右钉以木块使之牢固附于柱枋上，为防透风，内外抹涂草筋灰泥，有的掺入牛粪，黏牢度更大，是一种别致的方法（图61-1，2）。此外，有的简易房屋还可用竹子作骨架材料。

不论何种材料，只要因材施用，物尽其能，在房屋适当部位均可收到实效。如半楼底层，围护要求不高，有的用芦席草帘，有的用荆条竹棍，有的用杉皮捆绑，有的用次材对剖圆木为栏等等，粗糙简易，用材多样，都达到封而不死，隔而不断的通透目的，既反映出使用上的特点，又与上部板壁形成对比，相映成趣。

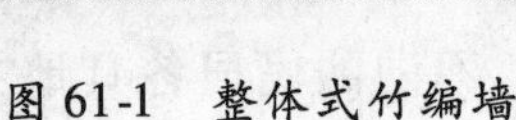

图 61-1　整体式竹编墙

图 61-2　竹编墙外涂掺牛粪青泥

屋顶以前多用茅草、稻草、杉皮覆盖，现在大多改为小青瓦，但杉皮顶仍较普遍。

总之，苗居从下至上基本上都是用地方材料建成的。除了木材等主要材料耗用材料费外，其他材料大多只花费人工而已，所以半边楼苗居施工建造是较经济节约的。

(四) 建筑空间的特征及利用

建筑的目的在于创造为人所用的空间。而居住建筑的空间较为严格地受人这个因素的制约，具体地说，是受人体尺度和人感受的舒适度的制约。这种舒适度包括生理的与精神的两个方面。它可以由人的生活实践加以检验。而非居住型建筑的空间虽也为人所用，但它与人的生态关系不那么直接和密切，空间的变化可有较大的自由度，所以建筑空间的评价标准也不容易界定的那么明确和统一。

居住建筑空间，尤其传统民居的内部空间，都不是主观意图的创造品，而是在一定的历史条件和特定环境条件下，由气候、材料、技术、经济和生活习俗等多种因素综合影响而形成，因而各型民居的空间特征表现出鲜明的个性，在同一类型民居中不管单体如何变化，其空间特征又表现出统一的共性。

1. 建筑空间特征

走进一家苗居半边楼，不大的一幢房屋给人以各种不同的空间感受，毫不单调乏味，是一种小巧紧凑、变化多样，功能性强的组合式空间单元。它的空间特征主要是：

(1) 小尺度，低层高

除堂屋外，其他房间尺度感不大，层高较低。居住层层高一般2.4米，室内至楼袱底净高2.2米，个别甚至低到2米的。在居住建筑中这可以说是最低限度。但给人的感受大多不觉得压抑，究其原因，主要是尺度近人和平面划分不大，以及家具布置较少，且多为低家具之故。

苗居空间划分通常是在房架立好之后，在其限定的规整空间内进行自由划分，一般在柱位设隔断，相邻二柱的柱距为2米（六尺）左右。小居室隔出一个柱距，次间开间一般为3.3~3.6米，居室面积即为6.6~7.2平方米，可布置一张单人床及少量家具，供家庭次要成员居住。苗家床的尺寸不大，多为五尺五寸[31]，即1.8米，常顺房间短边布置，留出较完整的活动面积，在低层高的房间中，空间感是合宜的。大居室隔出两个柱距，即4米，居室面积为13.2~14.4平方米，房间净高以2.2米计，开间以3.6米计，室内几何空间比例则成为2.2∶3.6∶4，近似于1∶1.6∶1.8，墙面比例都接近黄金比，这种空间应该说是较为协调和谐的。家庭主要成员多居此类房间。

居室空间的扩大感有助于改善空间质量。房间外墙面比例不同，在视觉上感受亦不一样。取同一开间宽度，层高为3米者，外壁面比例约1∶1，低层高为2.2米者，其比例为1∶1.5，显然后者在横向上感觉较宽展。加上苗居外壁面多设梭窗，无窗扇占据空间，无窗棂阻挡视线，洞口敞亮，兼借景于室内，延续和扩大了室内空间。并且室内木板壁装修也给人一种亲切温暖的感觉，比砖石墙面的房间空间感要舒展开朗得多。所以苗民虽然层高的绝对高度较低，但相对来说，空间并无压抑闷塞之感，仍具适宜的空间舒适度。相反，平面划分不大，如果层高过高，造成空间比例失调，便会失去居住环境的亲切感。

低家具的采用与低层高相适应，也会调节空间环境质量。除床以外，苗居坐具多为矮椅小凳，其他家具尺寸都不大，如小方桌600×600×600（毫米），火桌650×650×250（毫米），柜橱800×400×900（毫米），春凳2200×450×500（毫米）（图62）。家具不多，靠壁设置，室内显得较为宽敞。

底层层高2米，人可在内进行一般性的活动，作为禽畜关养的空间，高度是足够的，阁层空间尺度更小，用于贮藏，是经济实惠的。

综上，苗居建筑空间，以人体尺度求其合宜的舒适度为限，空间既不局促沉闷，又不空旷浪费。采取这种小尺度除了经济条件和生活习惯方面的原因外，在生理方面可能与苗族体态特征不高有某种关系。

（2）多类型，有变化

苗居室内外空间类型多样，富于变化。室内空间因其功用不同，使用对象不同而处理各异，可以划分为人的空间，畜的空间和物的空间。

居住层为人的空间，但对活动部分与休息部分处理又不尽相同。前已述及低层高的卧室等房间的空间处理，而堂屋则打破低层高的限制，放大尺度，取其高大宏敞，除了表达作为精神中心的地位外，实用上考虑各种社交活动的需要，如能容纳较多的客人，跳芦笙时高达2米的芦笙可以在内自由旋转等等，因此堂屋不仅开间大，多在4米左右，而且层高常超过3.5米，其空间比例大体为1∶1.1∶2，较为适度，高而不空。整个居住层空间主次分明，布局均衡，功能明确。

底层为畜的空间，有半地下室的空间感觉，低矮阴凉，也称“地层”，同时它又有通透开敞的空间特点，这是因为它具有性质完全相反的两纵向壁面的缘故。底层是一种较为特殊的空间环境，作为禽畜宿处是合适的。

阁层是物的空间，是形状不规则的空间类型，三角形屋顶空间与堆物的自然形态是相一致的，所以这种空间形式意味着材料最省、而贮藏潜力最大，它的功能与形式是统一的。

苗居多类型空间，人、畜、物各得其所，自有特点，而又有机组合为一体，这是它空间处理

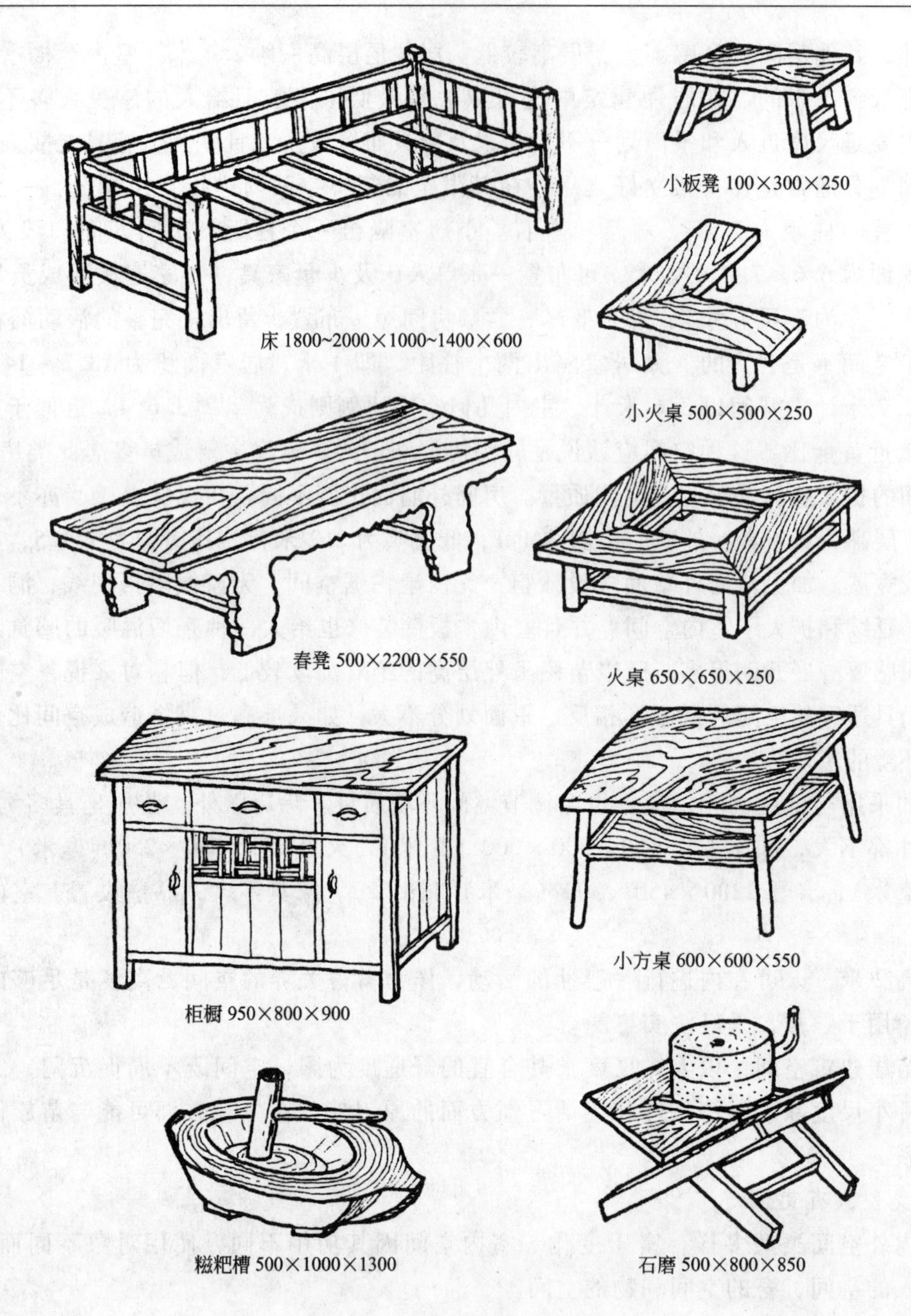

图 62 常用苗式家具及用具

的成功之处。如何正确处理居住、豢养、贮存三者的空间关系是农宅设计中的重要问题之一，苗居的经验可以说具有典型的意义。

除了上述室内空间外，苗居还善于组织半户外和户外空间。

利用退堂、挑廊、敞廊、凹廊等半户外空间把室内空间扩大延伸，同室外空间相融和联系，获得丰富而变化的空间效果，活跃了居住环境。例如，入口部分的处理就具有所谓“流动空间”的意境。从封闭的堂屋空间出来，经过退堂半户外空间的放大，再折至半开半合的曲廊空间，历二次转换，导至户外空间的开放，在短短的空间序列里获得了封闭——放大——收束——开放带韵律性的空间层次变化，在行进中纳入户外景色，人们的情感几经起伏，增加了家居的生活情趣。从室外到室内，不是从开放直接进到封闭，而是有节奏地由明到暗、由动到静逐步过渡，无论从心理上或生态上，还是使用功能上，都是自然而合理的（图 63）。

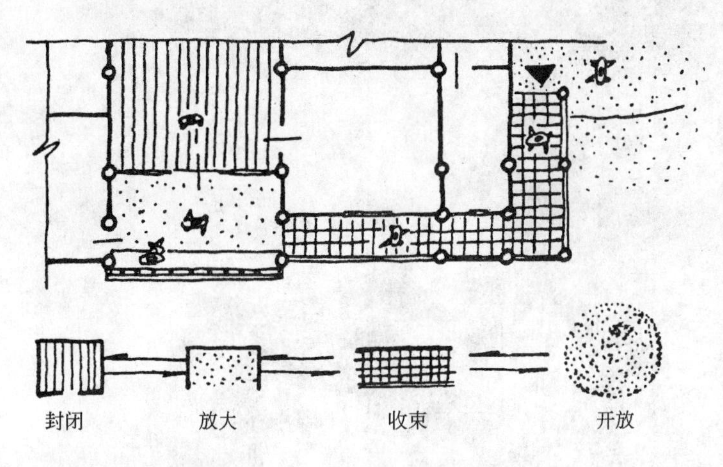

图 63　入口曲廊空间处理

由于基地狭窄，室内空间有限，苗居还尽量争取一定的户外空间增加居住活动的范围，除了少数庭园式苗居可以辟出小面积院坝外，干栏式苗居多在宅周利用坡面边角零星台地设置小院或露台，有的设以扶栏，一般位于厨房或宅门处，作为生活生产的辅助场地。晒台的设置也是争取户外空间的一种方式。它们不仅扩大了居住功能，增加了使用的便利，而且丰富了居住空间环境和山居的特色，使单户建筑同周围环境成为一组住居综合体（图 64-1，2）。

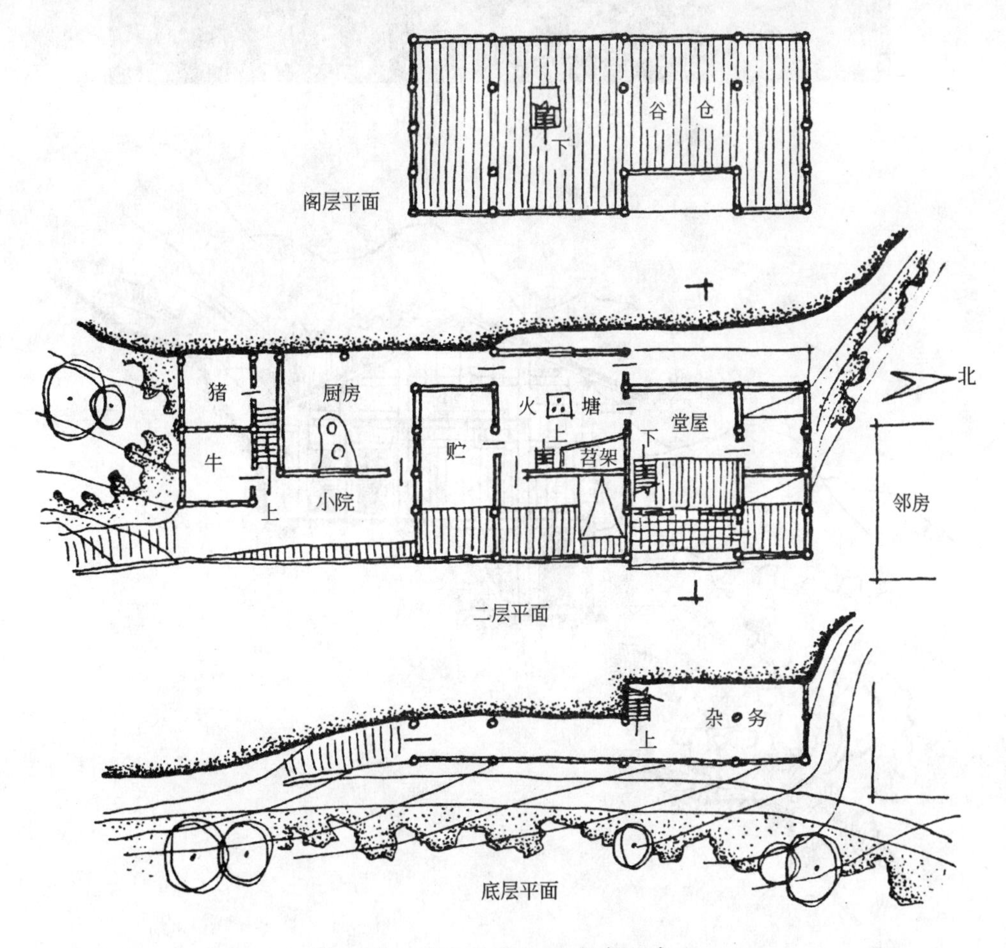

图 64-1　雷山县西江水寨李福章宅

外观

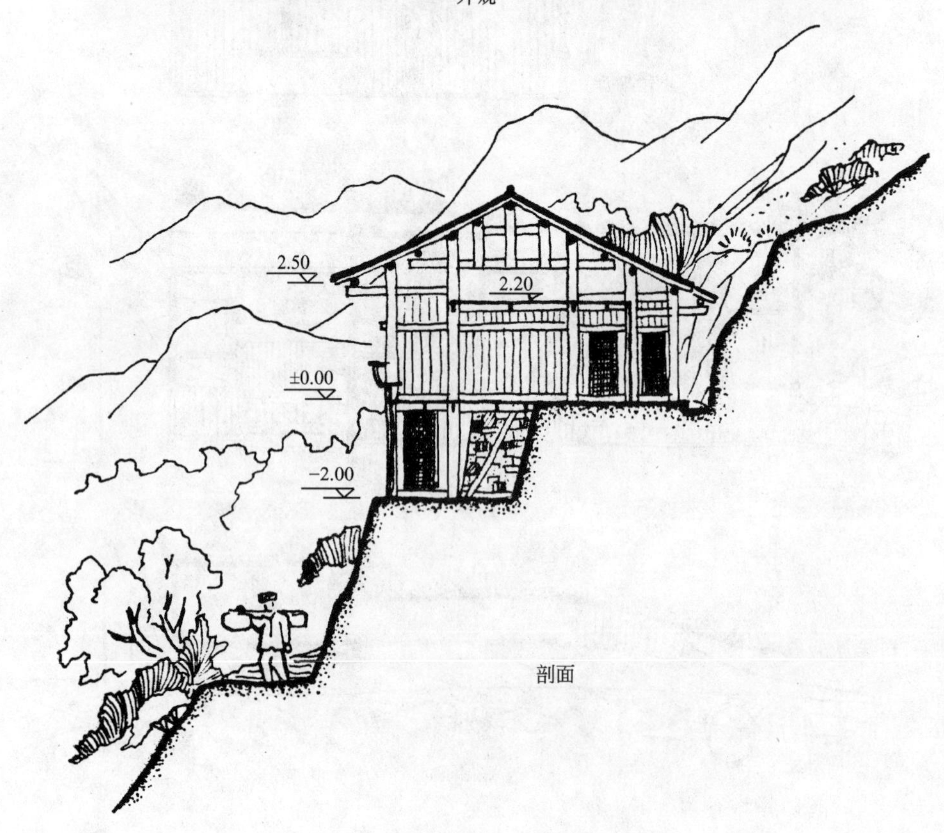

剖面

图 64-2　雷山县西江水寨李福章宅

正是苗居的这些半户外和户处空间把房屋同自然环境相互渗透融和起来，把建筑个体同寨落群体联系结合起来，在竖向空间与环境布置上取得丰富多彩、生动朴实的山村景观，苗寨的地方特色和民族风格油然而生。

(3) 少地基、多空间、小体型、大容量

一字形半干栏楼居在坡地上占地不大，与曲尺形或院落式地居相比要少得多，但由于它逐层外挑、上下兼采 、最大限度地争取空间，同时加强室内空间划分，提高利用率，在小块基地上一般可获得大小不同的十数个空间；另一方面，由于低层高的手法，虽然房屋通高仅具二层的高度，体型不大，但实际上发挥了三层的作用，容纳了相当于一个院落式地居几乎全部居住功能内容。

苗居这种多空间、大容量的特点，为房屋的灵活调整分配，适应使用要求的变化创造了有利条件。这很满足苗家生活习俗的要求。因为苗族的民族节日多，热情好客，“串亲戚”风俗盛行，安排客人食宿是常事。如雷山西江地区，每过苗年，周围数百里各处的苗胞翻山越岭赶到这里欢庆，一般苗家都须接待客人，少则十几，多则几十，管吃管住，谁家客人多，便是一种光彩和荣幸。所以苗居房间小而多、容纳量大的优越性就充分发挥了出来。苗居空间的这个特点所体现的基本原则对于现代居住建筑研究小面积、多居室的设计方法不无借鉴之处。

2. 室内空间的利用

苗居还注重各种边角小空间的利用，精打细算，尽力挖掘空间潜力，凡可用之处，皆安排生活生产之需，巧妙且又实用，利用空间甚至达到饱和的程度。

● 利用死角。如楼梯下三角形空间可作贮存杂物之用，或设柜橱（图 29）。屋角可设三角形或其他形状的角橱或架空苕架，有的高过人身，不影响室内活动，上部下部空间都可利用（图 65）。

图 65　利用死角设置角橱或苕架

● 利用隐蔽空间。如大门上方，黑暗隐蔽，设水平天桥，通连两次间阁楼，既不影响堂屋空间的使用，又不妨碍视线（图 66）。活动搬梯多隐于大门侧后，需用时临时搭设，十分方便。

● 利用零散空间。如山花部分设置夹顶或隔层，或加设拉枋横木供作物吊挂之用。利用楼梯上方高于人身的部分作贮间（图 67），有的甚至在床的上空仅过人的坐高设置搁板或苕架。火塘上空设炕篮炕架也是一种空间利用方式。

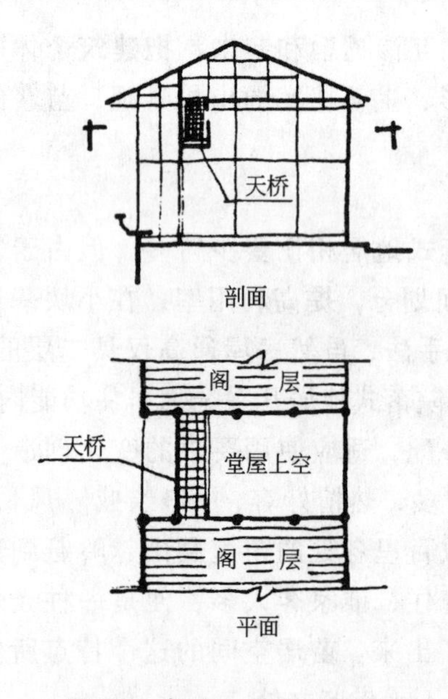

图 66 堂屋大门上方天桥

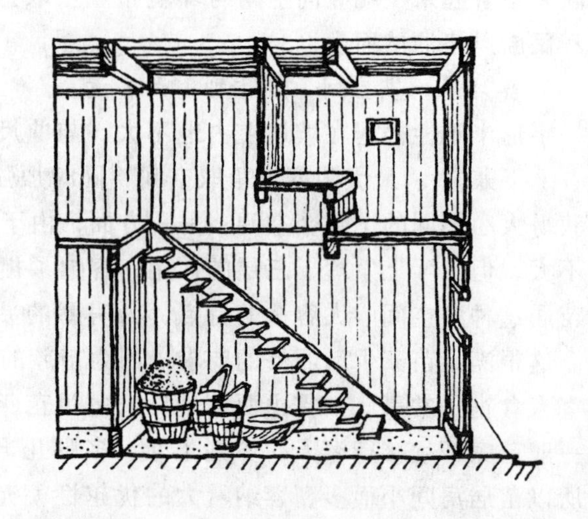

图 67 板梯上下空间的利用

●开设壁龛壁柜。利用木板壁装设灵活的特点设壁橱，可突出墙外，扩大室内空间的利用。土石墙者多作壁龛。壁面上还可架设多层搁板（图 68）。

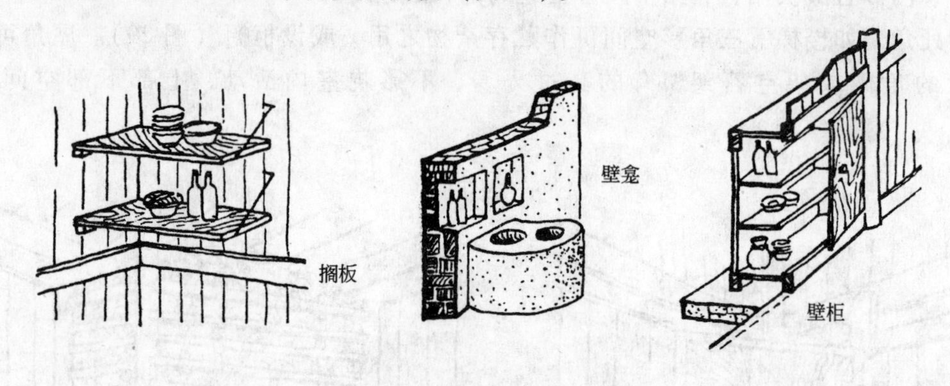

图 68 小空间的利用

●梭门、梭窗和翻门。不占或少占空间也是提高空间利用率的一种形式。梭门不占面积，小居室常采用。梭窗不占空间，应用也较普遍。它们构造简单，使用灵活，仅在门窗上下设置木滑槽，还有一种左右设竖向滑槽的梭窗，用插销卡定。更为别致的是梭门上再设梭窗的，多用于仅由进门处采光的地方。地板式翻门也属此类，平时水平的门板为楼面的一部分，亦可防止底层不良气味上窜，使用时翻开，露出梯口，是一举数得的处理手法（图 69）。

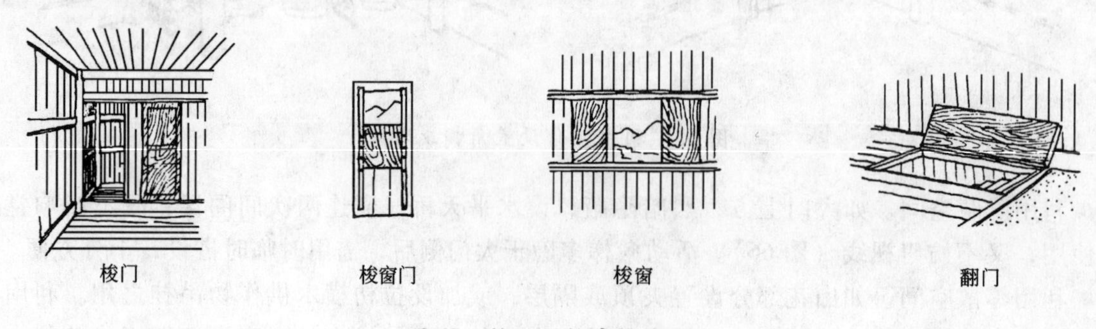

图 69 梭门、梭窗和翻门

● 地下空间的利用。室内地面干燥，可挖掘洞窖作苕贮等用。窖口径约0.6米，深约1.5米，为袋形穴，上覆木盖与地相平。有的在宅旁崖壁挖横穴作为苕洞，一寨常选合宜之处集中设置，成为苕洞区(图70)。

图70 雷山县掌排寨户外苕洞区

其他还有不少利用空间的做法，难一一列举。仅此可见苗居“从空中到地下”千方百计挖掘空间潜力，不浪费每一立方米的空间，是我们住宅设计中值得效法的。

(五) 简单灵活的构架体系

苗居传统干栏式房屋均为穿斗木构架体系，这是南方民居普遍采用的结构形式。它与叠架式木构体系一样是一种承重与围护分工明确、互不影响的简单灵活的结构方式[28]。构架独立性强，素有“墙倒屋不坍”之称。但穿斗式比叠架式在整体稳定性和划分灵活性上更具优越，这是因为穿斗式有较多较密的榫卯拉结和柱枋穿插的做法，立柱也较多。它的构造特点是以柱和瓜（短柱）承檩，檩上承椽，柱子直接落地，瓜则承于双步穿上，各层穿枋既起拉结作用，又起承重作用。每排构架在纵向由檩和拉枋连结，柱脚以纵横方向的地脚枋联系，上下左右联为整体，组成房屋的骨架。苗居半边楼穿斗架惟一不同的是前半部柱子落脚长，后半部柱子落脚短，呈不等高之势。半边楼的种种优越性是以它独特的构架为基础和保证来实现的。

1. 构架的基本形式与模数概念

苗居构架的基本形式为五柱四瓜或五柱四瓜带夹柱。屋面八步九檩，前后各四步架（图 71-1，2）。夹柱即是前瓜伸长落地的柱子，伸长不落地而支承于楼面穿枋上的则称长瓜或跑马瓜。长瓜的应用很灵活，可穿通一道枋，也可穿通数道枋，视需要而定。夹柱的作用主要是形成退堂空间，其构造方法有两种。第一种是在前二柱处设大门，夹柱处设前廊壁；第二种是在夹柱处设大门，檐柱处设前檐壁，外加挑廊（图 72）。

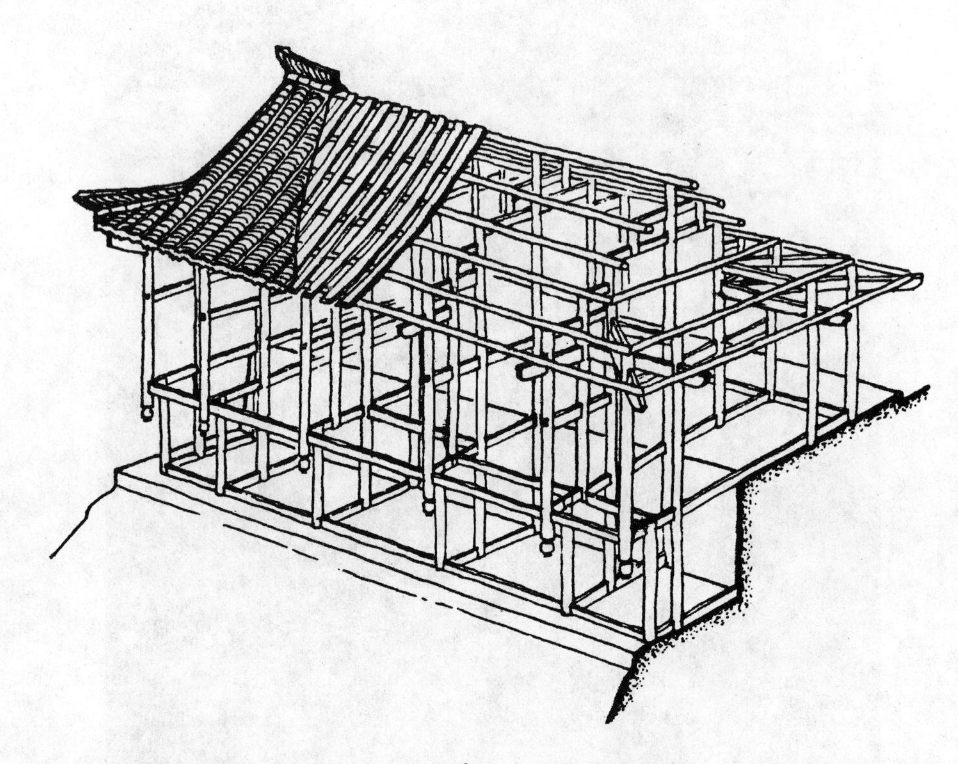

图 71-1　苗居穿斗木构架构造剖视

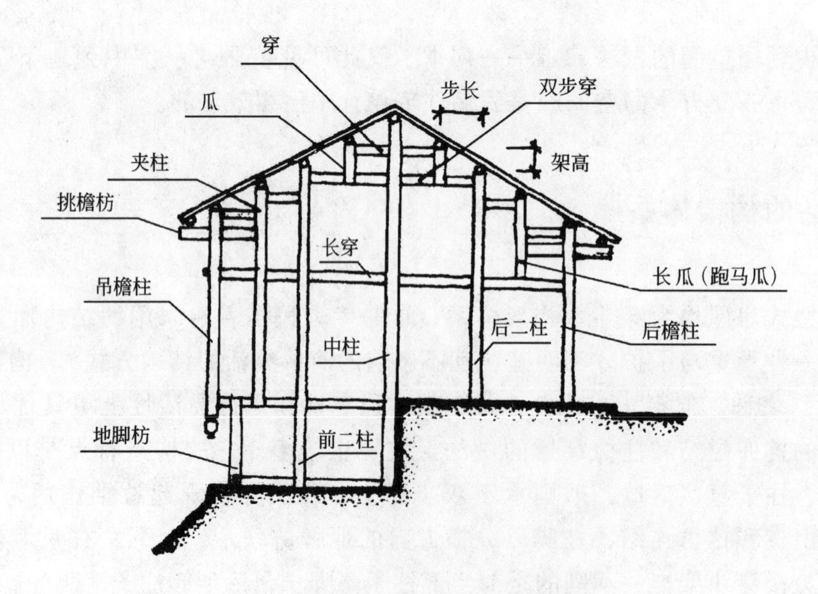

图 71-2　五柱四瓜带夹柱穿斗木构架构造示意图

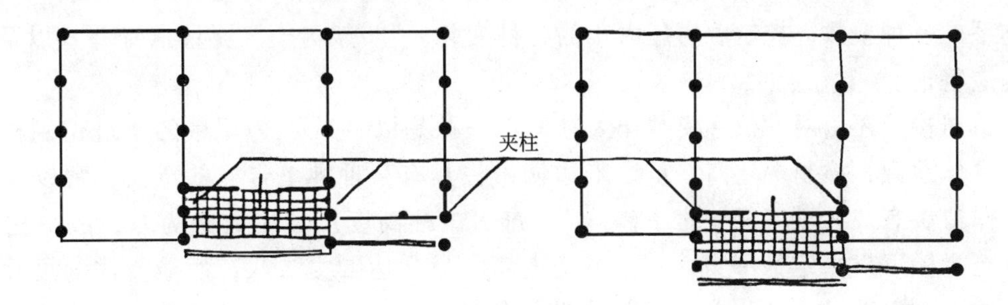

图 72　退堂的两种构造形式

上述构架基本形式可以产生若干变化，增加步架可以变为五柱六瓜，改变柱子数量，可以为三柱四瓜，或七柱六瓜，最大的可以做到七柱八瓜。以上各种形式简称为三柱房、五柱房、七柱房，其中五柱房为最普遍（图 73）。所以苗居房屋具有定型化的特点。

七柱房局部

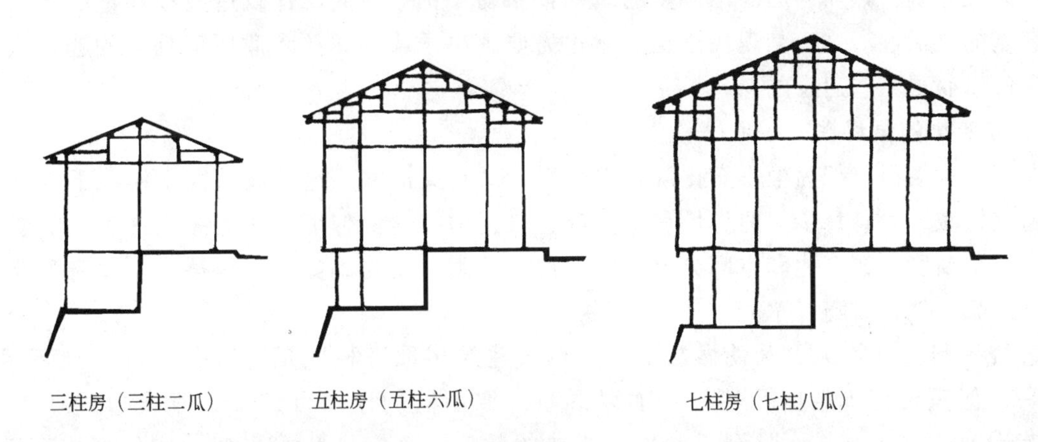

三柱房（三柱二瓜）　五柱房（五柱六瓜）　七柱房（七柱八瓜）

图 73　木构架的几种结构形式

此外，苗居已粗具模数设计的概念。构架每二檩之间的构造形式称为“一步架”。一个步架的“步”为檩间水平距离，通常步长为 3 尺左右，进深的大小则由步架的多少来控制，一步架的水平距离便成为进深方向的基本度量单位。一个步架的“架”为檩间垂直距离，在屋顶举折不大的情况下基本等距，屋坡以常用的五步水（坡度 1∶4）计，架高为 1.5 尺左右，房的高度亦由步架的数量来控制，一步架的垂直距离便成为高度方向的基本度量单位。这样，“步架”实际上成为整个构架体系的一种模数，控制着房屋大小的各种变化。“步架为模”是民居穿斗式以及叠架式构架的共同构造特征。

同时，苗居构架还用两种数字模数作为补充。一种是以“八”为尾数的十进位制模数，控制房屋全高，具体地说，控制中柱高。苗居半边楼中柱具有某种神圣吉祥的意义，常以树神枫香制作。苗家匠作口诀有“床不离五，房不离八”，盖房中柱高度尺寸尾数必为八，故中柱全高（从居住面起算至脊檩下皮）定为一丈六八，一丈七八，最高达二丈二八，而最吉祥的尺寸为一丈八八，故有“丈八八”之称。所以常用的标准苗居便是“五柱丈八八式”，凡有条件的都按此建筑造。至于“八”这个数字的缘起，可能与先天八卦说有关，也有人认为是从人体某些部位的尺寸和生理因素引伸而来，用于营造制度中。[33]在汉族地区也有类似的匠作做法流行。[34]它们是各有来源，还是苗族做法是受汉文化影响而来，这些都是值得深入探索研究的问题。

另一种数字模数是“尺”进位制。即以“尺”为整数增减决定房屋各向尺寸，包括开间和进深，并以此确定步架尺寸，它们互相配合调整，加上“八”的模数的应用，各个层高随之定出。一般“尺”模数的定制是：当心间开间一丈一尺、一丈二尺（3.6～4米），次间开间一丈、一丈一尺（3.3～3.6米），进深二丈一尺至二丈四尺（7～8米），层高底层为六尺左右，居住层堂屋一丈左右，其他房间八尺左右，阁层楼面至檐口五尺左右。

我们似可把“步架”称为“形式模数”。所谓形式模数就是把房屋某一部件或构造形式的几何特征作为基本度量的一种模数。如中国汉族官式建筑中的“斗栱”、“斗口”等[35]，就是这样的模数。形式模数与数字模数相结合，建筑的长、宽、高三度方向及各主要部位尺寸都得到全面控制，这对于房屋的设计与施工是十分方便的。

由是，构架体系的各个构件因模数的采用在规格上尺寸上尽量统一和简化，加上榫卯技术的运用，构件几乎可以全部预制，然后现场拼装组合，大大方便了施工。因此苗居半边楼只要说几柱房几步架，开间多少，柱高若干，很快就可建造起来。

要之，我们可以认为苗族民居在建筑定型化、模数化、构件规格化、预制装配化方面与其他穿斗架民居一样，是很有成就的，有的方面还有自已的独到之处。这些同现代建筑的设计与施工在原则上无大差别。然而苗居简单规整的结构体系对平面、空间、建筑造型和地形的适应等方面却具有高度的灵活性。这正是现代建筑工业化需要解决千篇一律的矛盾所面临的问题，从苗居的经验中是可以获得某些启发的。

2. 适应变化的灵活性

苗居穿斗构架以步架为模，变化既有规律性，又具灵活性。这种灵活性不仅在于步架数量可视需要随宜加减，而且每步架的步长和架高都能自由地按比例伸缩，从而无论进深上的变化和平面划分，或是高度上的变化和空间分隔，以及房屋体型的变化，如扩建、补建、改建等都无不灵活自由，增减方便，尽随人意。

半边楼一般进深不大，为使做法统一，单户建筑多取五柱四瓜，虽各自的基地不尽相同，进深不一，但只要将步架的几何尺寸加以调整，取不同的值即可，不必改换形式。若步长超过合理范围而进深还须扩大，则只增加瓜或柱的数量，多安排几个步架，构件规格可不变化，仅增加数量而已。

平面划分常按柱位设隔断，也可不按柱位而取柱间中段或其他任何部位设置隔断，因为构架下有地脚枋，上有穿枋楼袱，木板壁到处都有联系生根之处，所以在规矩的柱网中平面划分完全无任何限制，均由设计意图而定。

构架对高度方向的变化也有很强的适应性。前述半边楼适应地形的灵活性，无不是由于其构架善于应变所致。构架的各种变化由于不影响它的受力状态，故材料规格不会复杂化。这是因为构架每根柱独立承荷，相互不发生受力上的关联，各节点为柔性铰结点，能缓冲变形，虽柱脚高低不同，但在垂直荷载作用下内力不会发生改变，在水平荷载作用下内力变化也很小，不像刚性框架体系，当柱高发生不同的变化时，在外力作用下结构内力要重新分配，且相差较为悬殊，构件规格便要相应调整。苗居穿斗构架作为一种不等高柔性排架用变化的柱高适应地形之所以十分自由灵活，其力学依据即在此。

同时，在高度方向上也能方便地设置楼面和隔层。由于木构件易于加工，力学性能较好，榫卯构造做法简单，节点榫头易于交待，仅在柱上开凿数眼而已，因此可以在任意高度设置梁枋、格栅，加建隔层，甚至房屋建成以后，哪里需要分隔空间，随时都可进行铺装。

至于房屋因功能要求体型发生变化时，构架按模数相应调整即可适应。例如需要如建披层或偏厦，只须在主体构架适当的柱位接出几个步架就行了。木材抗弯性能良好，披檐和挑廊等可以柱位悬挑出一至两个步架，加设亦较方便。由于构架受力的独立性和分散性，它的任何一部分存在与否都不会打乱构架简洁明确的几何规律及其受力特征，故房屋的改建、修补或建造的分期施工都很方便，只是在构件去留的衔接处稍加处理就能办到。所以苗居在一字形的基本体型上既保持韵律感或统一，而又可演变出种种生动活泼的形式，它善于应变的构架起了重要的作用。

3. 功能与美观有机结合的构造做法

善于将结构形式的功能与美观统一是中国建筑的优秀传统之一。这种统一在民居中往往又是以最经济的手段实现的。在保证结构构造的坚固和稳定的同时，也兼顾到房屋整体和构件的形式美，甚至有的做法本身就是一种美的形式。苗居中这类做法大致有以下几种：

（1）出水。苗家匠作称房屋举折为“出水”，屋面出水的坡度则称“水成”，以“步水”表示。常用的为五步水。所谓几步水，就是凡每步架的架高与步长之比，乘以10后得出一个整数，是几便是几步水。具体做法有二：一是从脊到檐均以五步水下折，惟至檐柱处抬高一寸；二是从檐到脊，每架的步水依次为5、5.5、5.8、6。这似有宋式举折法遗意，又兼清式举架法优点。此是否为二者结合演变而成，由汉式做法影响所致，抑或独自发展形成，有待深入探究。苗居屋面坡度不大，反凹之势曲线和缓而流畅，较为生动自然（图74）。

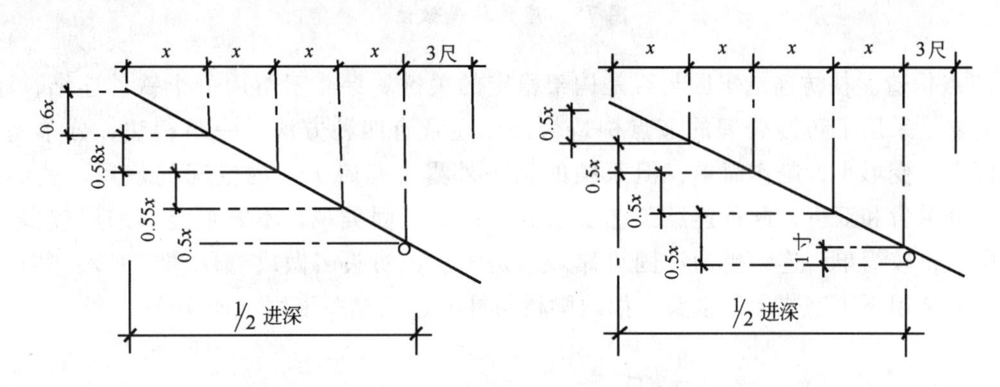

图74　屋面坡度的两种做法

（2）落腰。屋脊两端升起，中部下沉之势称为“落腰”。与出水反曲屋面相呼应，具体做法是将中间二缝构架较两山低七分到一寸。檐口做法亦与此相应，略呈起翘状。

（3）向心。房屋周边各柱均匀向内倾斜的做法叫“向心”。在立好构架后，进行骨架组合，即用绳扎牢，然后绞紧，使檐柱和山柱均向内倾斜五分左右，这样，既将各节点挤紧，视觉上又获得立柱垂直稳定的效果，若求实际上的垂直，反给人以外倾不稳的错觉。

（4）起翘。苗居喜采用歇山屋顶，翼角多有翘起，这在一般居民中颇为少见。其做法十分简单，即在45°方向设半列架，伸出微微上举的挑枋，也叫压角枋，使屋角略为上翘。有的屋角并不翘起，只在角脊前端顺曲线做出翘头，似江南水戗发戗做法，但角脊曲线要平缓得多。这种屋角起翘做法较之老、子角梁的做法简洁，是苗居构架的一个特点（图75、80）。

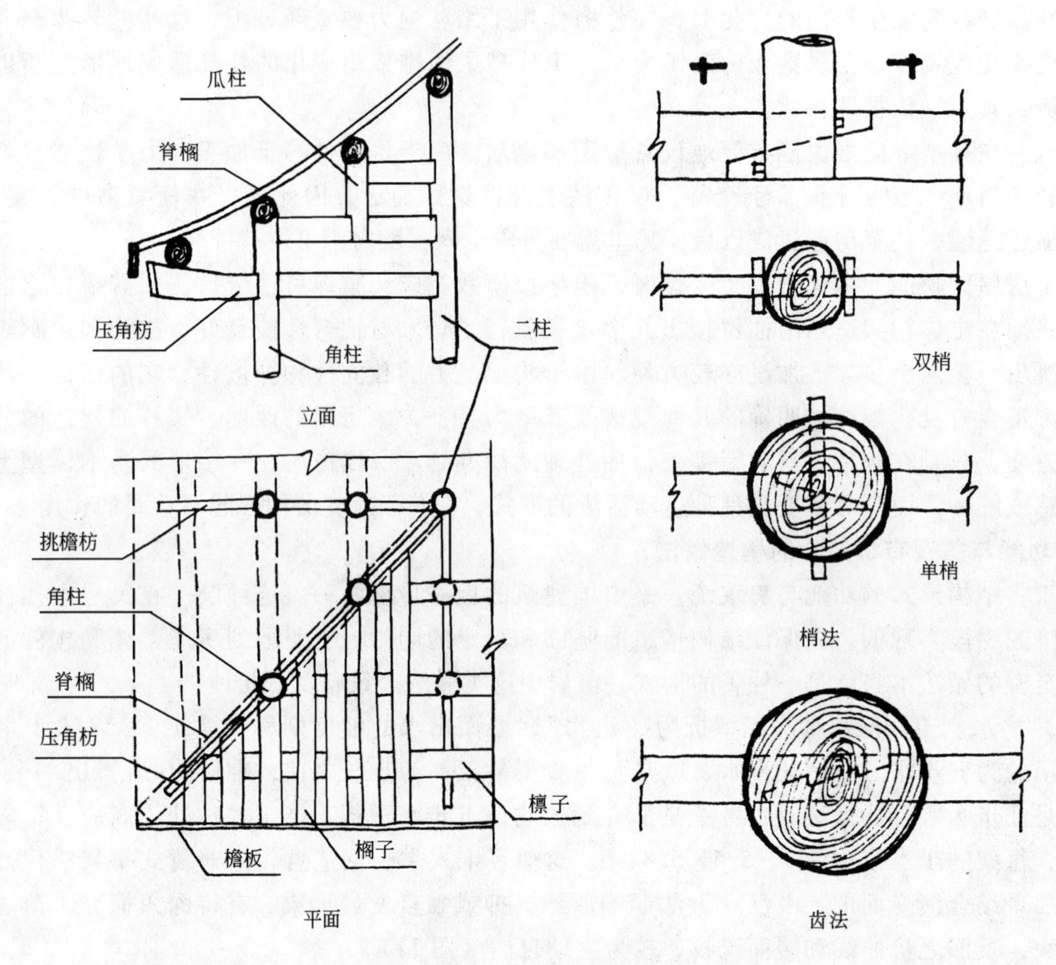

图75　屋角构造做法

（5）节点构造。柱枋连结牢固与否是构架稳定的关键。穿斗架不用一个铁件连结，而拼装相当紧密，主要是采用了巧妙合理的节点构造做法。通常有四种方法：一是梢法，分单梢和双梢。此种连结可靠，变形小，制作简单，但双梢的梢头外露，有碍于室内空间的使用，也不太美观。二是齿法，分单齿和双齿，此种连结工艺要求高，接头牢固美观，不露痕迹，采用较多。三是齿梢结合，做法也较简单，连结更为牢固可靠。四是榫法，枋头多做成燕尾榫，嵌入柱内，做法简洁而且美观，常用于丁字或十字接头，如地脚枋与柱的连结亦多采用（图76）。

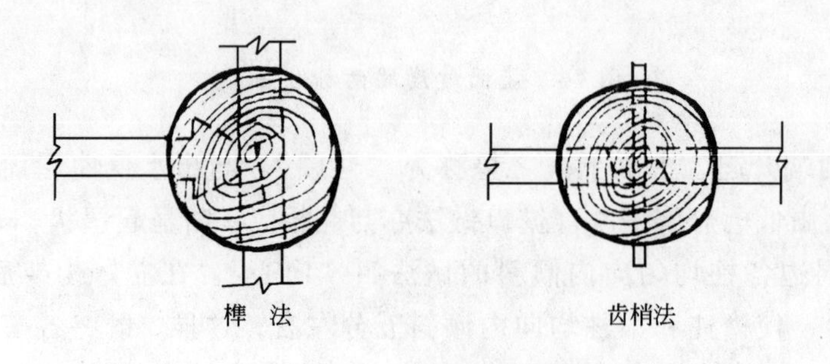

图76　柱枋结合做法

以上各种做法表现了苗族建筑木作手法纯熟经济、自成一套、颇具匠心，其中有的做法可能吸取了汉族木构技术经验，它们的关系及历史上发展演变相互影响如何，民居木作制度及其体系与官式木作制度的关系如何等，都是进一步值得研究的问题。

（六）苗居的建筑艺术特色

在满足功能和经济要求的前提下，民居善于发挥材料、结构和技术的特点，根据各自对生活审美的理解，尽量争取完美的建筑艺术效果，用最简单、最经济的手段达到朴素、简洁、生动、活泼，而又富于个性的、亲切的建筑艺术风格。也就是说，它靠自身的空间和形体形成统一的格调，这种格调完全寓于功能的适用性，寓于结构的合理性，寓于材料的经济性和寓于对自然环境的协调性。民居风格为历史的自然形成，时间上具有悠久性、连续性，空间上具有广泛性、地区性。民居建筑风格的千差万别，多姿多彩大概是没有哪一种建筑类型所能企及的。传统苗居即是其中一例。

1. 丰富多彩的建筑形象

苗居单户建筑顺应自然，与周围环境结合为一体，由于基地条件千差万别，建筑形象因景而异，各具风姿，走进一座苗寨，想要找到完全相同的两幢房屋是很困难的。随着道路上下蜿蜒盘曲，本身形体自由的半边楼前后错落，高低呼应，形形色色的建筑亮相生动别致，应接不暇。在尺度、比例、构图和造型上苗居的建筑艺术形象都独具一格，别有特色。

苗居小尺度主要是内部使用空间决定的，但表现在外观上给建筑形象带来亲切和谐的艺术效果。同时其他高度要素也与之呼应，如栏杆、栏凳高 0.6 ~ 0.9 米，门窗上皮不超过 2 米，有的披屋檐口伸手可及。通常的三间五柱房体型小巧，尺度近人。体型较大的三间二磨角房屋，正面在层间水平分位处加强横向划分，减小尺度，逐层出挑产生带状阴形，减轻体积庞大的感觉，从侧面透视，半楼半地的外观，也有削弱体量的作用，仍较亲切宜人（图 77）。

图 77　雷山县羊排寨某宅逐层出挑外观

房屋虽按间划分，但强调横向比例的构图，如开间多呈扁方形，主面上表现出的上中下三层为横向展开，局部与整体比例上协调呼应。苗居的这种造型比例关系，各部尺寸的决定，是在长期的营建实践中反复推敲琢磨出来的，内部既满足使用要求，外部比例又协调自然。并且，构架模数制的应用也使其比例关系合乎一定的几何规律的变化，从而具有某种韵律感，尤其暴露出的山面结构形式的构成，“步架为模”所控制的各部比例变化是显而易见的。

轻盈活泼的建筑造型是苗居的一大特色。木构房屋已具轻巧的特点，苗居在处理上又加强其轻，在特定环境下地方特色更加鲜明。

屋顶是立面构图要素之一。苗居多喜采用歇山式或悬山式屋顶，屋坡不大，而出檐深远，屋面与屋脊的反凹曲线柔和洒脱，流畅自然，相互呼应，使屋顶成为建筑造型最为生动而富有表现力的部分（图 78）。尤其苗居歇山式做法自具特色，活泼多样，不拘程式，有的古朴无华，有的别致优雅。这种屋顶式样，常被当作高贵吉利的象征，尽量采用，与“三间二磨角五柱丈八八式”相结合，成为苗族民居最高级最尊贵的形式（图 79）。在一般的半边楼房屋中，即使条件受某些限制，也尽量争取某个山面作歇山，另一山面作悬山，成为一种混合式屋顶（图 80），或者正面前部两屋角起翘作半歇山，后部两屋角作半悬山（图 81）。歇山翼角翘起不大，与屋坡协调，轻盈而又稳健，对屋顶形象具有重要的造型作用。

图 78　雷山县大沟开觉寨一角

墙身部分采用对比手法强调“轻”的特点。这些手法确又是建筑功能和结构首先所必需的。干栏式住居本身是“悬虚构屋”，底层吊脚架空，运用虚实对比，突出其“虚”。房屋造型益加轻巧，远看似呈飘浮之状，别有一番山居风味（图 82）。又如运用明暗对比，加强其“暗”，达到“轻”的效果，苗居许多半户外空间，如退堂、挑廊、敞棚等，使立面凸凹起伏，形象变化，产生大片阴影与墙面形成强烈对比，明快而开朗，活泼而舒展（图 83）。

多种多样的悬挑处理，目的在于利用和扩大空间，但又是建筑形象取得活泼轻巧的常用手法。尤其与地形的利用相结合，更加生动感人，如大出檐、挑廊、栏凳、逐层通长整体悬挑等等，形式富于变化（图 77、84）。

另外，不对称构图手法苗居中也较常见。半干栏民居从平面布局到立面构图并不遵循严格对称的法则，尤其入口曲廊退堂部分的处理手法可谓独创。所以尽管它的体型较为简单，并不给人以单调贫乏之感，加上披屋、偏厦的灵活应用，形成大小体量的变化，在复杂的地形环境中高低错落有致，构图不拘一格，建筑形象多样活泼（图85）。

总之，苗居亲切的尺度、和谐的比例、轻盈的造型、活泼的构图使建筑艺术形象丰富多彩、格调鲜明、独具个性、强烈的地方特色和浓郁的民族风格给人以深刻的印象。

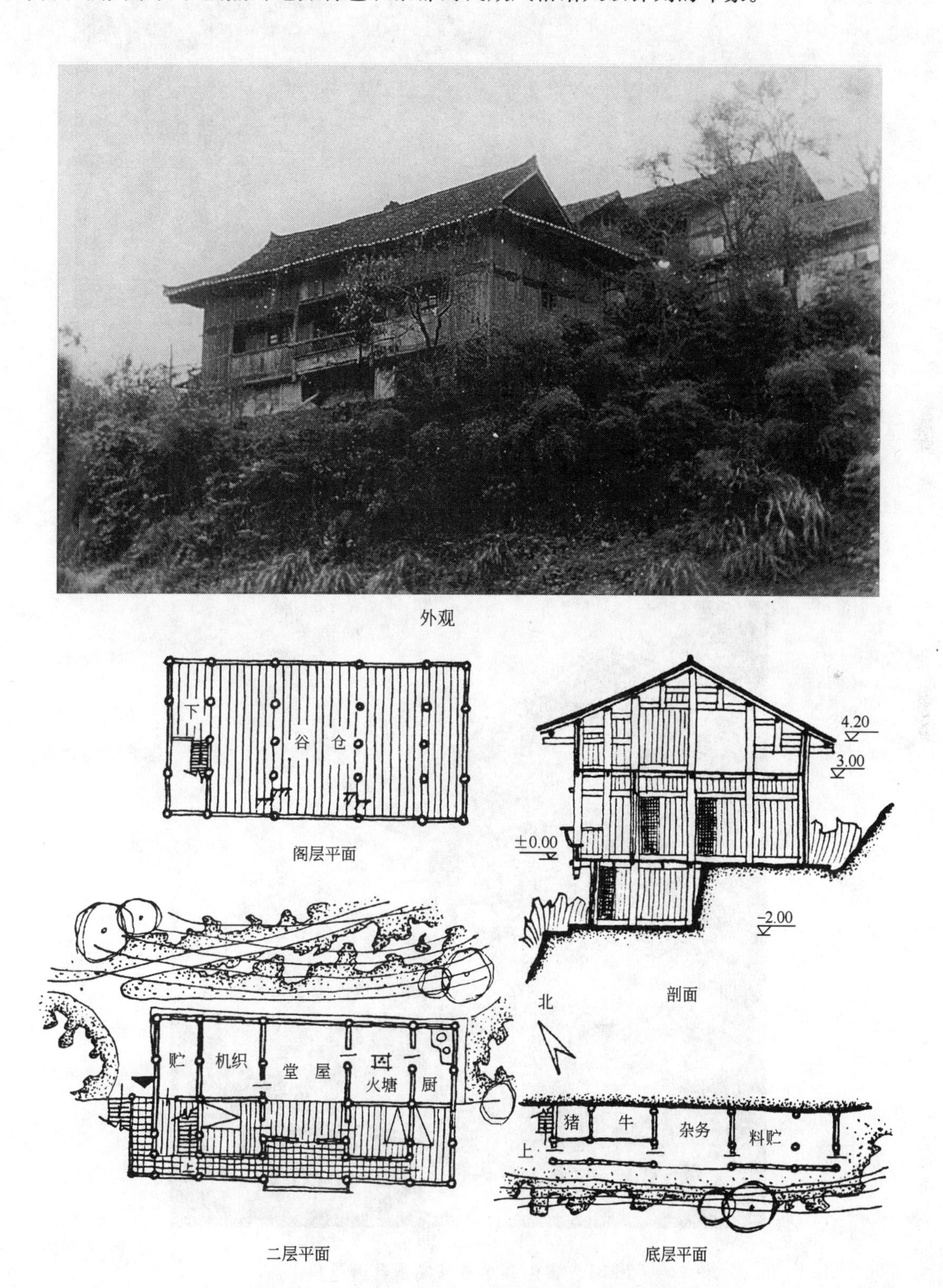

图79　雷山县乌开寨杨宅（三间二磨角五柱丈八八歇山顶）

图80　雷山县乌开寨某宅混合式屋顶

图81　雷山县水寨某宅半歇山屋顶

图 82　雷山县西江水寨一角

图 83　雷山县大沟开觉寨某宅

图 84　雷山县水寨某宅出檐及悬挑处理

图 85　雷山县掌排寨某宅外观

2. 材料的运用与环境的协调

苗居就地取材、因材施用，首先满足使用要求和经济要求，并结合考虑材料的质感、色彩、纹理、线条的组合，运用构图法则自然而然地达到一定的艺术效果，使建筑本身具有清淳、质朴、耐人寻味的美感，同时与周围环境融成一体，协调一致，这是它地方性的突出表现之一。

房屋材料质感从下到上由粗糙到细致，由沉重到轻巧，由天然到人工，其变化有序，合乎受力的自然规律。基础筑台为粗犷的石块，底层壁面应用原生竹木、杉皮、芦席等粗糙的植物性材料，上层则为精细加工的板壁，木纹明显，屋顶材料为小青瓦或杉皮顶，它们都各自反映了所在部位人们习惯的力学观的性能特点，因而干栏式苗居虽然轻巧，还是给人以稳定感。

与此同时，材料色彩产生巧妙组合，基台块石多呈红褐色，与屋顶小青瓦的黑灰色一上一下表现出对比，而中部板壁大面积的灰茶色便成为它们二者间的过渡，并起到联系和统一的作用，既变化又协调。单体建筑的三色块在建筑群体上显得格外生动有趣，自由散置的房屋在整个寨落的竖向空间上，表现出黑、红、灰三大色块高低前后排列组合，大小形状浓淡对比，错落参差，变化无穷，在绿色地景的衬托下极富装饰效果，尤其在阳光照耀下，苗寨的风采韵味更为浓烈(图78)。

材料纹理线条具有天然之趣，适当组合在房屋立面上也可成为一种装饰，尤其穿斗式结构的民居，处理手法更为灵活，因为围护材料仅作填充，选择变换比较自由。这些组合常常通过对比取得一定的构图效果，如半边楼苗居底层的围护处理，杉皮夹壁的粗糙与上层板壁的精细，竹木疏排的垂直线条与板壁的自由木纹曲线，横向夹枋与直棂木条的编排，柱与枋的规则横竖组合等等，不仅在材质上，而且在粗细、曲直和方向上都表现出对比手法的运用（图86-1，2）。立面上占据较大构图面积的基台以不规则干码乱石墙与上部房屋规则木壁镶板对比，相映成趣(图84)。

图86-1　某宅材质与线条的对比

这些地方材料的运用同时加强了房屋与周围环境的联系与协调，实际上可以认为房屋的构成只不过是环境构成的另一种规则性的材料组合而已。因为建筑取材于周围自然环境之中，那些未

板壁与杉皮的对比

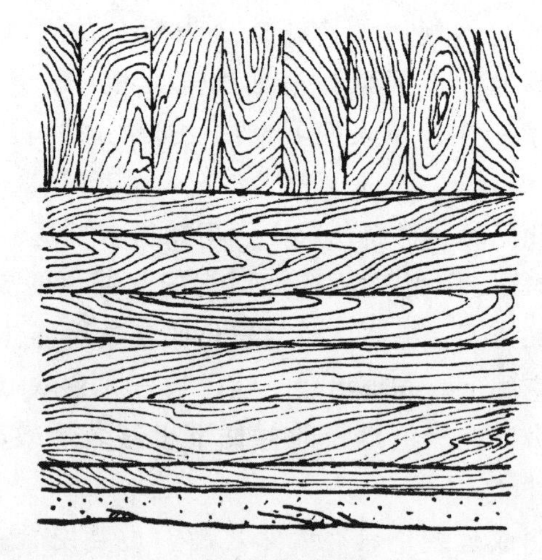
直装板与横装板的对比

图 86-2　材质与纹路的对比应用

加工的植物性材料在建筑上应用更使这种联系具有直接性，房屋筑台同地貌中的道路、崖壁、堡坎等甚至结为一体，难以区分。所以房屋作为地景的一部分，与环境的协调是自然而然的，毫无矫揉造作之处。在这个意义上，半边楼苗居之土生土长，即有了“质”的根据。

3. 朴素简洁的建筑装饰与重点处理手法

苗居不是纯自然主义的作品，建筑艺术除了表现于自身空间与形体之外，还辅之以简朴而必要的建筑装饰，体现出苗族人民对生活的热爱，对美的追求和向往，因为人总是按美的法则来创造生活的。然而苗居对待这些装饰常以经济适用的功利主义观点，结合建筑构件在重点部位进行装饰处理，取得良好的效果。

苗居建筑装饰纹样远不如他们服装绣饰之丰，这可能是服饰图案太繁琐复杂，用于建筑上不易加工，也可能受经济条件的限制。所以苗居装饰大多简洁，纹样亦为几何形图案，装饰重点集中在入口、退堂、门窗、栏板、吊柱、檐口及屋脊等处。

入口是一宅的门户，苗居常有三种处理方式。第一种是庭园式者多在院口单独设置院门；第二种是在外廊端头接建披屋式大门，可施简单雕刻（图 87-1，2）。第三种是在山面设入口，沿外挑曲廊转至正面退堂处大门，形成一种独特的入宅方式。山面入口处宅门可设可不设，设了宅门的可以一门关尽（图 88）。整个山面因入口的设置格外生动活泼，同正面一样具有重要的建筑艺术表现力（图 81，88，89-1，2）。

退堂是全宅装饰的集中部位，在正立面上异常突出，表现了这部分空间的特殊作用。靠边设置的栏凳采取“美人靠”的形式，挡板和角撑雕镂简单几何纹饰，制作也较它处精细，有时“美人靠”连续布置两个开间。入口曲廊转折处布置这种形式的则把这部分称为“望楼”，进宅前可在此稍事停顿。退堂上部有的设置天花，空间更为完整。立面为了强调退堂的装饰构图作用，次间外廊上下封以栏板，中部留出敞口，而退堂上部扩至檐下，使明间深远感得以突出和加强（图 90）。

门窗的装饰纹样较多，有的漏花窗简洁大方，疏朗有致，也不乏较佳之作。窗后有的糊贴白纸，衬托花格十分醒目（图 91）。堂屋大门以前常贴门神、咒符之类，甚至成为一种装饰，这可能是受汉式民居的影响所致。

图 87-1　黄平县谷陇寨某宅院门

图 87-2　雷山县猫猫河寨某宅大门

•入口处理之一

•入口处理之二

图88　山面入口处理方式

图 89-1　雷山县猫猫河寨某宅

图 89-2　台江县岩上寨某宅

• 退堂在立面上的中心构图作用

• 栏凳及美人靠的简洁处理

图 90　立面重点装饰处理的退堂

过这种装饰似乎有些俗气，与整体不大协调。

图 91　漏花窗图案举例

挑廊多设直棂栏干或栏板，有一种栏板壁面装饰半圆木瓶形栏干，家庭富裕者多喜采用，不过这种装饰似乎有些俗气，与整体不大协调。

外挑吊柱下雕垂瓜是苗居装饰的重要特点，垂瓜形式多样，雕刻手法简洁，在立面上造成韵律感，与退堂栏凳相配合，成为苗居装饰较为精华的部分（图 90，92）。

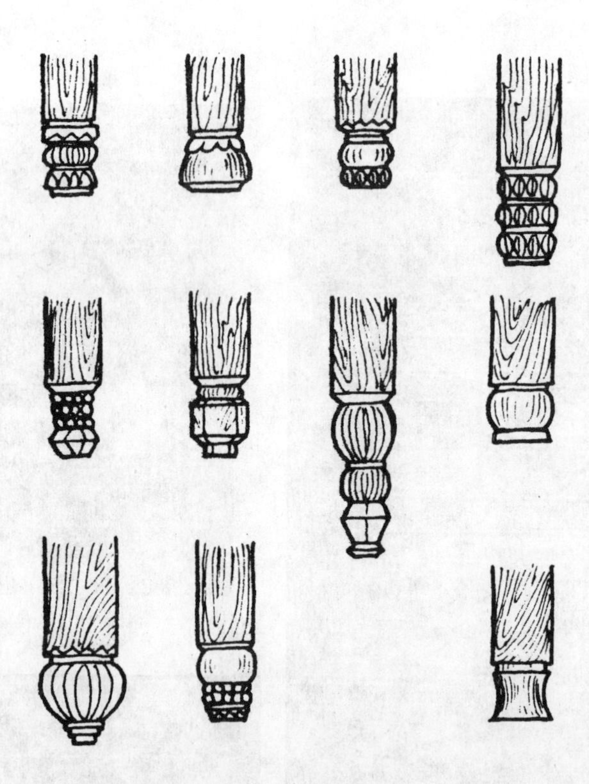

图92　常见的几种吊瓜形式

檐口装饰主要表现在封檐板和挑檐枋上，檐板较窄，有的为双层拼合，开出较粗糙的各种锯齿形纹样，挑枋有的于端部装饰翼形构件，下刻出雀替式蝉肚纹（图93）。

图93　某宅檐口装饰

屋脊多以小青瓦垒脊，两端加厚微翘，中花多以瓦垒砌，图形简单，惟令人注目的是有的屋脊在中花及两侧饰以灰塑雀鸟，或者涂以白垩，点缀屋面有如真鸟，至为生动（图94-1，2）。此种屋面饰鸟的做法是传自汉代较为古老的一种装饰手法[35]，苗居装饰保存这种古制，可见其历史发展的悠久。

苗居木构采用漆饰较少，多以桐油涂刷表面，借以保护木材，同时增加美观，常施于堂屋及退堂部分。

室内除神龛部分有某些雕刻彩绘外，基本上无任何装饰可言，只有仿汉式的大宅采用较多的室内装饰。

图 94-1　脊顶鸟饰

图 94-2　雷山县固鲁寨某宅屋脊鸟饰

总之，苗居建筑装饰朴实无华，大多在功能构件上适当进行艺术加工，在他们认为适用和美观并重的地方，作为装饰的重点，如退堂、吊柱垂瓜、栏凳，几乎每户必设，成为表现苗族民居特色的主要装饰部位。建筑装饰只有附丽于建筑的空间形体才具有真正的价值，苗居装饰虽少，但这恰恰是它具有朴素美和自然美的民族特色的真实表达。

三、苗居与干栏式建筑

传统苗居以半干栏形式为主，在长期的发展中积累了丰富的建筑经验，创造了许多优秀的处理手法，其建筑形制较为完善成熟，发展水平较高，在干栏式建筑体系中成为一种较为独特的类型。

为了对苗居半干栏获至更加全面的认识，还应当了解它与其他各种干栏的关系和异同，进而探讨其形成的原因，并赋予苗居半干栏在干栏式建筑中的地位，以及正确理解它在建筑发展史上的意义和作用。只有如此，才能真正认清苗居“半边楼”这种半干栏建筑的本质特征和文化价值。

我们知道，“根据有共同特征的事物具有共同起源的道理，可以追溯历史渊源，根据差异程度较小的事物在时间上相邻较近，反之相隔较远的道理，可以确定其历史顺序”、“通过对空间上同时并存的事物的研究入手，来认识时间上先后相随的事物的变化，可以由能够观察到的现象推知无法观察到的过程。”[37]应用这种历史比较法，可将西南地区现存的各类干栏式住居加以分析比较，并结合社会历史条件、自然环境因素和苗汉建筑关系诸方面作一综合性的考察。

1. 苗居半干栏与其他干栏的异同

我国现代使用干栏式建筑的民族很多，而且大部分集中于西南地区，主要有傣族、壮族、侗族、布依族、苗族、瑶族、崩龙族、景颇族、基诺族、布朗族、水族、毛难族、仡佬族、佧佤族、爱尼族以及海南岛的黎族和台湾的高山族等十多个少数民族。此外，四川、贵州某些汉族地区也使用干栏或干栏的一种变化形态即吊脚楼。

干栏的主要类型大致以下列几种为代表：

云南傣族的竹楼，是目前存在的较典型的干栏式建筑。[38]一般分高低楼两种形式，底层大多架空通透，居住层为“前堂后室”布局，外廊和“展”为不可缺少的组成部分。以简单木构架承重，楼面、墙壁以竹片编排，也有全竹构的干栏。建筑形象别致生动，颇具热带建筑的风格（图95）。

云南景颇族干栏代表早期干栏形式。[39]以低楼为主。它保留了早期干栏长脊短檐倒梯形的屋顶形式，结构为柱脚埋地的纵向列架，也是一种较古老的形式（图96）。

广西壮族的麻栏，具有较高的发展水平，形制较为成熟。[40]山区以全楼居为主，浅丘地区以半楼居为主。这种分布状况恰与苗居相反。有的麻栏体型较大，面阔五间，高达三层。平面布局亦为“前堂后室”，并设挑廊与望楼，其堂屋与过间组成高大的内部空间，为一般民居所罕见。底层似一大杂务院，周设木栅栏，外观与傣族竹楼和苗族半干栏大异其趣（图97）。

黔湘桂边区的侗族，擅于匠作，其花桥鼓楼素负盛名（图98），前廊式干栏也别具特色，有的高达三层，逐层出挑，颇为壮观（图99）。平面前部走廊宽大异常，几达进深三分之一以上，而且可敞可封，使用灵活。内部空间划分明确，与苗居相似，但阁层与底层的空间及其使用又接近壮族麻栏，不同的是底层以板壁围护，成为完整的一层，这种方式又与苗居半干栏某些处理相同（图100）。

贵州布依族干栏以形式多样化为特点，因其分布地区天然材料的应用不同而差别甚剧，不但有木构、土木混构、砖石木混构等多种，而且有全楼居与半楼居之分。平面布局和空间分隔与壮族麻栏较为相类，底层处理有的全为畜圈，周设栅栏，有的局部设置而其余填土夯实（图101-1，2）。

苗族半干栏亦如前述，可以从基本形制、入口处理、平面布局、底层与阁楼设置等几方面与其他干栏进行比较。

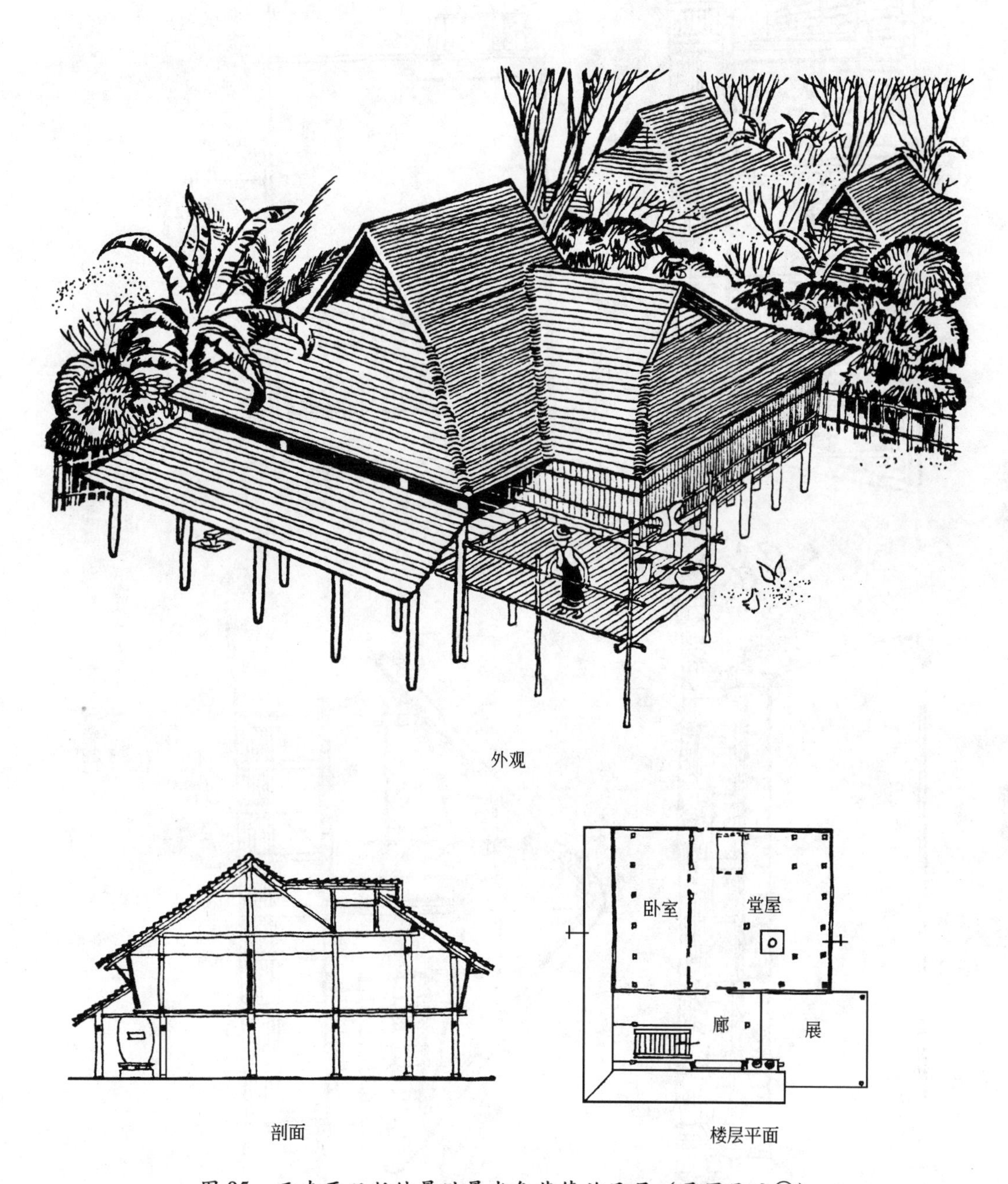

图 95　云南西双版纳景洪曼光龟某傣族民居（录图见注㉗）

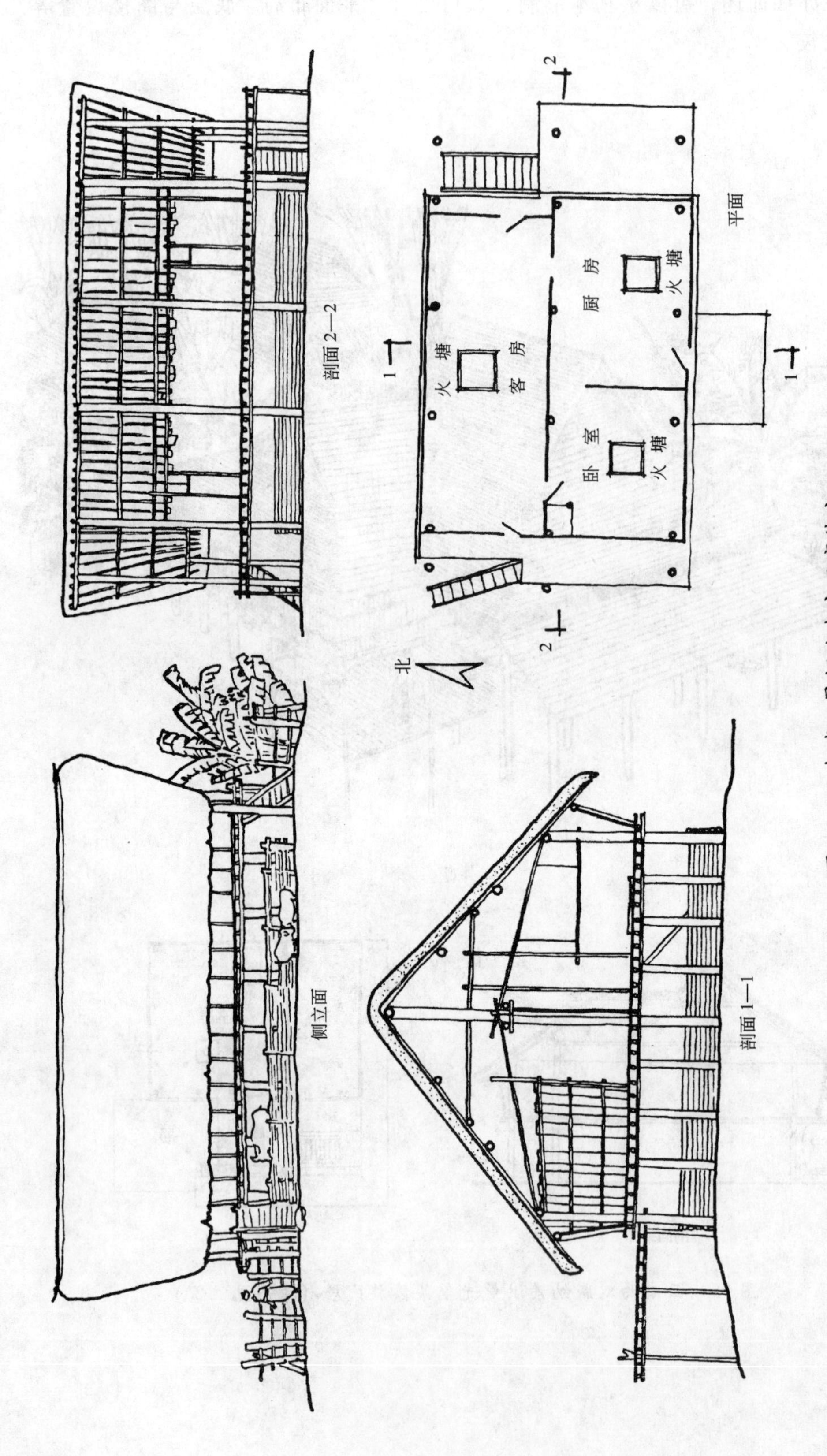

图96 云南瑞丽景颇族南京里寨某宅
（图录自云南设计院《景颇族民居调查图集》）

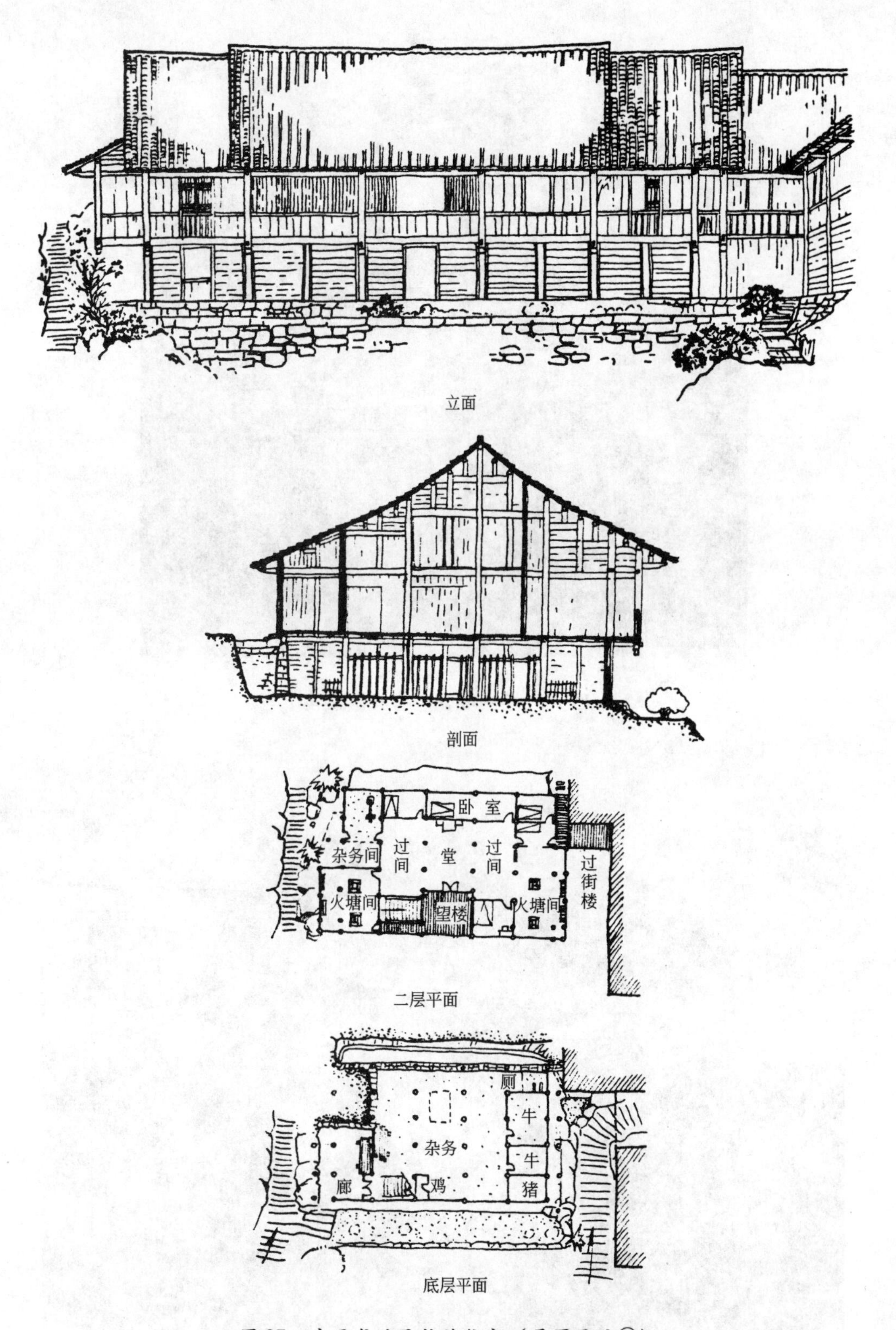

图 97　广西龙胜县壮族住宅（录图见注㊵）

图98　黎平县侗族吉塘寨鼓楼

图99　逐层出挑的侗族某宅

外观

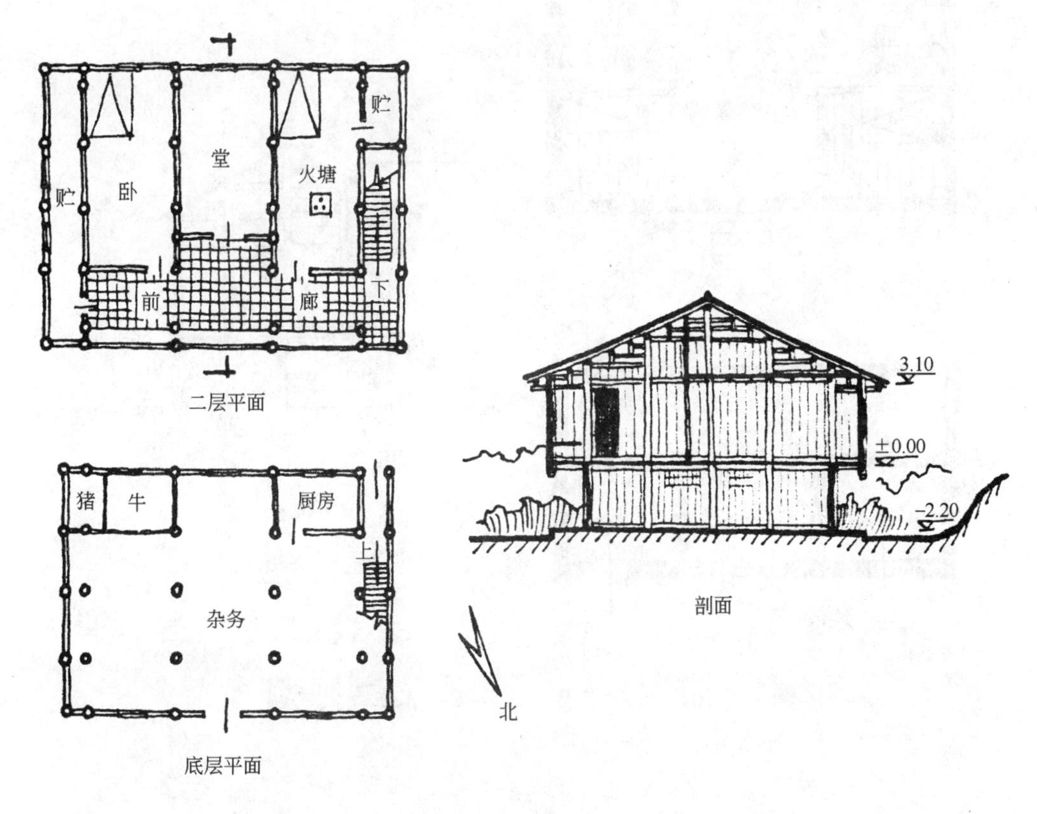

图 100　黎平县邵兴区侗族吉塘寨陆宅

外观

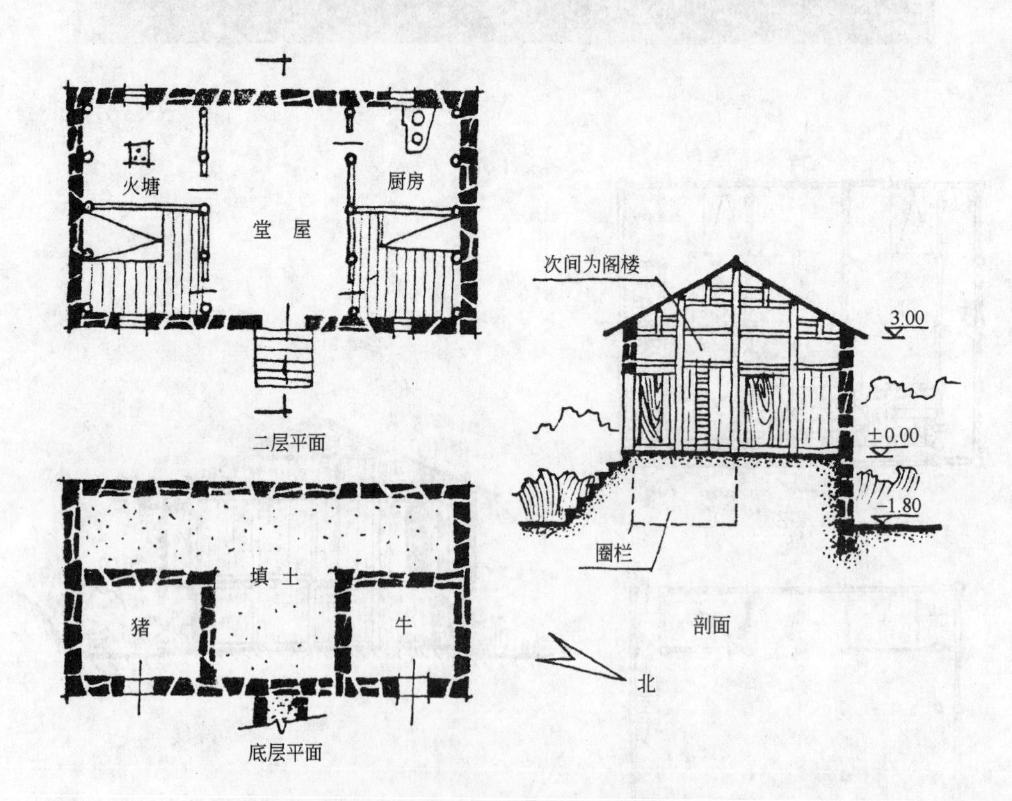

图 101-1　镇宁县布依族石兴寨伍森民宅

外观

二层平面

剖面

底层平面

图 101-2　罗甸县布依族入总寨皇甫加前宅

（1）基本形制

苗居干栏基本形制以半干栏为主，全干栏甚少，平面布局半干栏多为“前室后堂”，与全干栏相反，这些都是其他干栏所没有的特点。傣、景颇族均为全干栏，壮、侗、布依等族虽有少部分半干栏，但与苗族半干栏差别甚大，而且分布多在缓坡浅丘地区，不似苗居半干栏大都在陡峭的高坡地带。为什么苗族多半干栏，而其他民族多全干栏？为什么同为半干栏，苗族的能适应于山地，而布依、壮族的却只适用于丘陵？

这是因为苗族干栏式建筑为适应特殊的自然环境而将全干栏进行了较大的改革的缘故。而其他民族则多保留了传统的全干栏形式，出现的部分半干栏还没有发展成熟，而处于一种过渡的阶段，未达到在山地完全取代全干栏的程度，故只能用于浅丘地区。所以壮、布依等族的半干栏只是一种量变形态，不像苗族半干栏已是发展成熟产生质变的产物。

（2）入口处理

对于入口形式的改革是苗族半干栏获得成功的关键。它使半干栏的发展挣脱了地形的束缚，达到利用地形的高度自由。这种改革主要表现在以山面设主入口，引曲尺形挑廊入室，打破了传统的由底层设梯或正面设踏步而上的庄重做法，其好处在于入口与居住层同处一平面，不但联系方便，而且房屋前部不受内外高差的限制，在坡地上脱出了正面设入口的羁绊，因此布置十分灵活。同时，入口改在山面也保证了退堂空间的完整性，使用效率大为提高，而且更加丰富了建筑的主体造型，是一举数得的处理手法。

但是，布依、壮族的半干栏入口设于正面，由底层设踏道直上居住层，因此楼面与室外底层的地坪高差不能过大，否则踏道拖长，占用基地太宽，很不经济，这样便限制了它们在坡度较大的山区发展，半干栏利用地形的优越性没有充分发挥出来。

（3）平面布局

苗居半干栏与其他干栏居住层的布局最显著不同的是，它将卧室布置于前部，为“前室后堂”，壮、傣、布依等族多为“前堂后室”，侗族则为“前廊后室”。之所以如此，是因为苗居在半干栏发展过程中，逐渐将原设于后部的卧室移至前部楼面，既有舒适干燥的木地板，又有良好的朝向，改善了居住环境，这也是从居住功能实效出发的一种改革。

按“前堂后室”布局是中原建筑文化传统方式，其渊源甚为古老，干栏式建筑受其影响，也许在它大量进入西南地区之前就已存在，而壮傣等族则沿袭勿改，即使在已出现半干栏这种形式之后，仍将卧室设于后半的地面部分，未如苗居那样随宜因情变造，二者的舒适度便大不一样。

火塘是一项重要设置，它不但在各个具有干栏特征的少数民族住居中设有，而且在采取其他居住方式的民族，如藏、蒙、彝等族，甚至部分汉族的居住建筑中都大量存在。[41]但它们的布置方式却各有不同。在干栏式住居中，苗居火塘与众不同的是，多具较为完整的单独火塘间，常布置在半干栏后半地面部分，而其他干栏的火塘多与堂屋同处于一大空间之内，壮族、布依族干栏虽有火塘间，但分划不似苗居的严密，向堂屋一面常不设隔断，空间彼此连通，而且大多位于前部楼面，即或在半干栏中也是如此，所以防火措施要特别考虑。

火塘在少数民族居住建筑中占有相当重要的地位，在一定程度上反映了较原始古老的生活习俗，它对居住建筑的产生和发展有着重大的影响。从对火塘的起源发展的简要分析中，我们可以看到苗居在居住建筑演进中所处的发展阶段。

按“火塘”之兴，大概在人类学会利用火之时，原始社会的人群以及后来出现的原始家庭，几乎都是围绕火塘生活的，集卧、睡、起居、取暖、炊事于一体。这时的住居便是以火塘为中心的一大主空间，或可称为“主室”，也就是火塘间。在以后的发展中，主室逐渐发生演化，各个居住功能才渐自独立分化出来，形成各种不同的房间。

最早的空间变化可能是“床榻”这种卧具出现之后开始的。原始的床榻只是略高起于地面的一个低矮的台面，干栏住居中也许是铺垫较厚的固定卧处。对建筑来说，它的意义在于室内已有了空间划分的萌芽。[42]随生产发展和生活要求的提高，为求得更安静舒适的休息环境，以床榻为主要设置的卧室便首先从主室即火塘间分化出来。

尔后，由于人们社交活动的增加以及精神生活的发展，则出现堂屋。堂屋用来作为家庭对外功能的主要空间，故近大门布置，卧室具有私密性，需要隐奥，故布置于侧或后，这便是“前堂后室”的由来。

当人们生活要求进一步发展，出现“灶”这个炊具之后，火塘炊烤合一的方式开始分化。以灶为主要设置的厨房独立出来后，家庭的炊事活动转移到厨房单独进行。在这个转移过程中，必须存在一个灶与火塘、炊事与取暖既分又合的混用过渡阶段，因为它们有“火”这个热源的联系。刚独立出来的厨房与火塘相距较近，起初可能是共处一个空间而略加区隔而已，以便炊事功能互相补充。然而，此时火塘间因脱离了炊事的羁绊而具有布置的灵活性，或独立一隅，或附于堂屋，或附于卧室。火塘间与厨房并存的现象在居住建筑发展史上持续了相当长的时期，直到目前在许多民族建筑中都是如此。

但火塘的消亡确是不可避免的。在绝大多数汉族民居中已没有这种设置了。这是什么原因呢？是否取暖功能在居住建筑中不需要了呢？不是的。从人的生活与生理来看，据现代国外某些研究资料表明，白天在18℃以下，日出在15℃以下室温，人体便需要从外部供给热量，以保持最低的舒适度，在空气相对湿度较高的情况下更是如此。[43]一般说来，南方温带地区，在冬季还是需要采暖的，像贵州地处高原，全年平均气温15℃，空气相对湿度在80%以上，一年大部分时间都需要采暖，所以火塘几乎终年不熄。那么大部分地区火塘消失的原因何在？这可能是多方面的，但主要的大概是能源问题。

长期以来，人们的生活燃料主要是木材，随着森林植被的日益减少，材源渐渐匮乏，用于建房已感紧张，供给烧煮食物尤歉不足，纯作取暖更不可能。生活条件的变化必然影响到火塘的改变，进而影响住居的发展。

由是，燃料的困难迫使火塘与厨房两个火源逐渐合并，而向厨房转移集中。人们的取暖方式同生活习惯随之改变，或围火于灶间，或使用经济便利，可携带移动的各种取暖器具，如火盆、火箱、烘笼之类，这在广大南方汉族地区习为常见。北方的取暖方式又有不同，如用火炕、地炉等。总之，是向着如何节省能源的取暖方式改进。至此，火塘的取暖功能消失，它的存在便无必要了。

原始火塘间的多种功能一项项被代替，居住建筑也一步步日趋完善。火塘在居住建筑中从出现到消失，从主室即火塘间渐次衍生出卧室、堂屋、厨房等主要生活用房，可以说是居住建筑发展的共同规律。

据此可知，包括苗居在内的大多数具火塘的干栏式住居都处于一种火塘厨房并存的过渡性发展阶段。由于这种方式与其生活习惯相适应，居住功能较为合理，而且炊烤兼备、使用灵活，可省燃料，在当地环境条件下还具有一定的生命力。这也是苗居与其他干栏式建筑火塘的使用基本相同的主要原因。惟不同者苗居火塘已属过渡的后期。

(4) 底层设置

各类干栏底层用途基本相同，苗居半干栏底层空间只及全干栏之半，但主要使用功能并未减少，圈栏、杂务、贮存一应俱全，为提高利用率，内以隔断适当分划空间，外壁可敞可封，手法灵活多样。然布依族、壮族半干栏底层很少分隔，全部充作圈栏，牲畜占用面积太大，侗族、壮族全干栏底层空间连通，如一大杂院，较为空旷。四周围护，侗居多为封闭之板壁，壮居多为通透之栅栏，傣族竹楼则多架空通敞。这些差别固然与环境条件与生活习惯有关，但也反映了各自组织和利用空间的发展水平。

考其圈栏设于底层的历史应是十分悠久，很可能伴随干栏这一古老的建筑形式同时产生。在巢居时代，人们离地建屋，下部空间即处于庇荫环境，人们猎获的野物可以拴套其间，较笨重的工具杂物等也可堆放此处。农业定居开始驯化禽畜，这里更是理想的管理场所，为防止禽畜逃离和野兽的伤害，四周沿干栏柱脚围以栅栏，从而形成一完整的专事豢养的独立空间。这种早期的设置方式在汉代出土的干栏式陶屋模型中屡有所见（图 102），现代布依族干栏底层的这种特点保留尤其鲜明（图 103-1，2）。

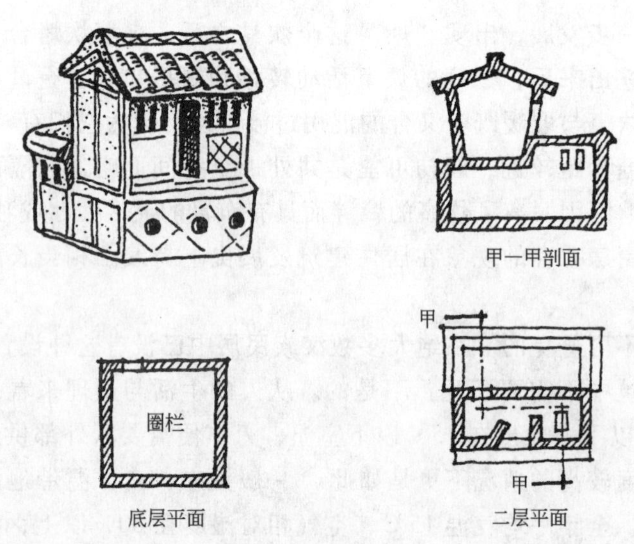

图 102　广州大元岗出土汉代栅居陶屋（录图见注㊹）

图 103-1　贵州罗甸县布依族交广寨某宅入口及圈栏

图 103-2　贵州罗甸县布依族八总寨某宅圈栏

大概后来干栏房屋规模扩大，底层空间纯作圈栏过于浪费，随着居住建筑空间分划观念的发展，从而将牲畜独立辟出一区集中关养，其余大部作为杂贮之用。为进一步提高利用率，区分使用功能，以至于在底层分划房间，便于各种专用。

干栏式底层空间的产生及其发展演变是合乎人们对空间利用的意图的实效原则的，是合乎人们对空间划分概念逐渐深化细致的认识规律的。上述底层空间的各种使用情况在现存各类干栏中都可见到。苗族半干栏底层处理虽有连通开敞，但较多的是隔断和封闭，而其他干栏极少有空间分隔的处理，联系到它们的居住层也有类似的情况，看来并非偶然现象。房屋内部空间功能划分和组织利用的完善细致是建筑发展成熟的标志之一。由此看来，仅就建筑空间而言，其他干栏还保持了早期的特点，而苗居半干栏应当说是较为进步成熟的发展形式。

（5）顶层空间的利用

苗居顶层阁楼利用比较充分，几乎整个空间全作为谷仓，同时还可进行生产晾挂活动，并兼防寒隔热和居住层顶棚的作用，此点亦为其他干栏所不及。如傣族竹楼内部空间高敞，只考虑通风散热的一面，未顾及设置阁层可贮藏与隔热的一面。壮族麻栏和侗族干栏顶层仅作局部小面积利用，有的甚至不设阁楼，即使作了铺板隔层也只单纯当作顶棚，山花空间闲置不用，其贮藏另法解决。苗居之所以重视阁楼层可能是因为底层空间有所减少，山地又缺少晒坝，为满足生产生活需要，不得不发展阁楼，挖掘空间潜力以补其不足。苗居半干栏顶层空间的尽其所用，则成为有别于其他干栏的一个重要特点。

另须提及一点，就是各类干栏除了居住建筑外，附属于寨落内的还有某些公共建筑，也属于干栏式建筑。如较大寨子的客栈，有的采用低干栏形式（图 104）。历史上还存在一种所谓“马郎房”的干栏式房屋[45]，有的又称为“寮房”、“宿寨房”，这是一种专供苗族男女青年社交聚会的公共建筑，多为竹构干栏。类似的还有仡佬族的“罗汉楼”，黎族的“栏房”等。[46]此外，谷仓囷囤各少数民族都取大同小异的干栏式样，或方形、或圆形，防鼠措施也与苗族谷仓无甚差别。这些说明干栏形式的用途广泛，即使公共建筑或生产性建筑都与民居保持统一的建筑风格。

图 104　贵州黄平县苗族谷陇寨低干栏客栈

2. 苗居半干栏形成的原因

首先，这是由干栏式建筑自身发展的内因所决定的。从干栏的原始形式巢居产生时起，就蕴藏着它矛盾发展的对立面因素，即虽“构屋高树”，却存在着向地面接近的发展趋势，以至最终下降，演变而为地面建筑。这是因为人们的活动总是希望在地面有较大的自由度，离地而居，乃生存所迫，与地面联系总不方便，因此只要条件许可，人们就要尽量使居住面向地面靠拢。

苗族干栏在山地发展，这种靠拢地面的意图，可以不用下降的方式，而采取水平移动“后靠”的方式。开初，全干栏房屋在坡地台面距后坡较远，构梯交通上下，后来发现可以在后坡架设天桥与居住层联系，平通室外较为简捷，继而将房屋靠后依坡建造，内外交通更加便利，但由于底层进深大，采光通风欠佳，于是再一步后退，跨坎嵌进，这样一部分形成平房，另一部分则保留原来的楼房，半干栏即告形成（图 105-1，2）。“干栏”这种本来是在平原湖沼地带产生的建筑形式，当引入山区后，必然向半干栏发生演进，使原来防潮避湿的目的变成为利用地形。

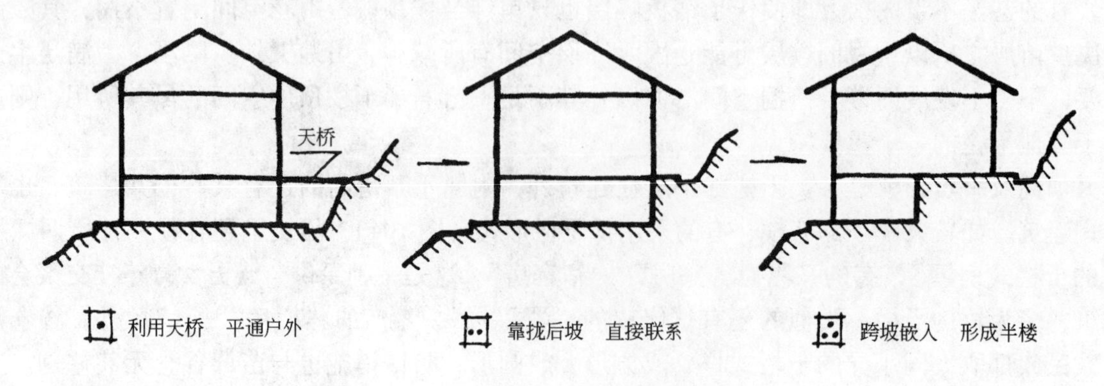

图 105-1　全干栏向半干栏的发展

图 105-2　雷山县固鲁寨某宅全干栏之天桥

第二，历史文化传统的影响。半干栏在构造与施工方面要比全干栏复杂，只有当营建经验有一定积累，营建技术有相当水平之后，前述演进形成才会成为可能，而在生产力不发达的古代，这一过程的发展是相当漫长的。也就是说，它需要全干栏在引入山区后有一个充分发展的历史阶段，这应当是一个基础。苗族干栏的发展正是这样。

苗族干栏的历史大概与苗族本身一样古老，现代苗族干栏的渊源至迟可以追溯到战国秦汉时期。我们知道，远古时代在长江中下游及其以南地区广泛流行干栏式建筑，它几乎是整个南中国主要的建筑形制。[47]战国秦汉之际，苗族先民自江汉流域，“洞庭彭蠡”一带先后被迫迁徙至西南地区，在历代统治阶级的民族压迫之下，居住在高山深谷。流迁之时，他们必将其固有的全干栏住居带进新的定居地，以后才逐渐因地制宜加以改变来适应新的居住环境。苗族进入高山地区最早，传统的全干栏发展演变的历史较长，在特定的环境条件下，向半干栏的过渡完成的快一些早一些，更成熟一些。这也许就是苗族半干栏与布依族、壮族的半干栏不同的一个历史原因。[48]

某些建筑特征可以反映出苗族半干栏的历史文化因素影响。这些特征与秦汉建筑具有相似之处，不难看出其间的渊源关系，这对上述分析似乎也是极好的佐证。

例如，现代苗族半干栏普遍喜用歇山屋顶，有的歇山顶呈上下二迭形式，这是其他民居少见的，而它正是中国早期歇山式屋顶的构造特征。按歇山顶形式汉代已经出现，最初的形式为一人字形悬山顶加周围披檐组合而成，在两者之间自然产生一个台阶，而为上下二迭之状。[49]这种形式，云冈石窟多有描绘，至唐以后才渐至消失。然汉晋时期这种屋顶颇为流行，日本古代建筑亦深受影响，如日本法隆寺之“玉虫厨子”，据传是飞鸟时代的建筑模型，不但屋顶呈上下二迭歇山式，而且房屋分上下二层，下层支以立柱，似为古代干栏之写意。[50]这些古代建筑的构造特征在现代苗族半干栏中竟有同样的表现决非巧合，它只能说明苗族半干栏保留了某些古代传统的遗风，是继承古制演变而来（图106）。

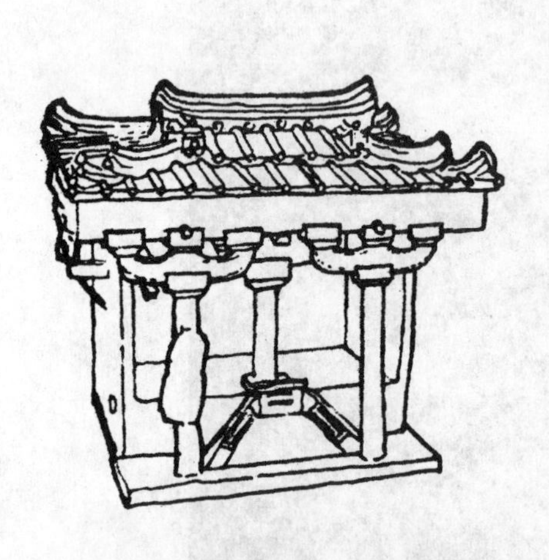

• 四川牧马山崖墓出土东汉明器
（录图见注㉒）

• 日本奈良法隆寺玉虫厨子
（录图见注㊿）

• 贵州雷山某苗族民居

图106　古代歇山式屋顶与苗居歇山之比较

又如，苗居屋脊装饰以鸟类为母题，此亦为汉代及以前古代建筑的重要特征之一。从汉明器、铜鼓及画像砖的图案上均可见到，汉代函谷关画像砖所表现的城楼屋脊上即饰有朱雀，魏晋以降，鸱尾兴起，脊上饰鸟之风才渐止息。而现代苗族半干栏房屋不少规制较完整的也有脊顶鸟饰的做法，此种无独有偶的建筑现象正说明苗族半干栏具有历史传统的继承和发展关系。

以上种种汉代建筑特征，在广大汉族地区已消失殆尽，而在苗族传统民居中却见生动的实物例证，这恰与苗族先民多是从战国秦汉前后迁徙入贵州山区在时间上不期而合，这大概不会是历史的偶然，其间的联系，值得深入研究，但它至少表明苗族干栏建筑是随民族迁徙而来，在偏僻的高山地区独立发展演变。由于干栏形式具有广泛的适应性，苗族将之结合山区特定环境创造出更优越的半干栏形式，而传统中可资利用的东西则承继下来，延续至今。

第三，自然环境条件的影响。苗族聚居于高山深谷，选址多在陡坡峭壁岩丛地段，囿于地形条件，全干栏的发展受到限制，因为在山地要选一块较为合适的地基台面实属难得，而人工开辟平整的场地亦殊非易事，惟有傍坡依崖，化大台为小台，才利于建造，由此而不断总结经验，摸索出半干栏这种适应山地的建筑形式。因此，从某种意义上说，一定的建筑形式乃是由它所处环境而决定的产物。

第四，经济因素的影响。民居一个共同特点就是以最节省、最简便的方法来解决居住问题。苗居也是这样。全干栏在山地营建耗费的人工和材料较多，在生产力水平不高的条件下，必然会对其不经济、不适用的部分加以改革，而为更经济合理的半干栏所代替。

第五，汉式建筑的影响。由于苗族分布十分广泛，从杂居、散居区半仿汉式和全仿汉式住房，到聚居区传统干栏式住房都不同程度地受汉式地居建筑的影响。从历史上看，干栏式建筑曾广被南中国，它的逐渐减少，一个重要原因，与中原汉式地面建筑的发展推广不无关系。这种减少的趋势自长江流域而珠江流域，由平原及至山地，最后收缩而集中到西南山区。[51]所遗存的干栏式建筑也必然与地居式建筑互相影响。苗居半干栏半楼半地，既具楼居特点，又具地居特点，所以在半干栏形成过程中，汉式地居建筑的某种启示是可能存在的。在这个意义上，苗族半干栏也许可以认为是少数民族干栏式楼居同汉族平房式地居相结合而形成的独特的建筑形式。

3. 苗族干栏在建筑史上的意义

干栏式建筑在建筑史上占有十分重要的一页，从巢居、栅居、干栏到半干栏构成一个完整的发展序列。巢居建筑体系与穴居建筑是建筑两大基本体系，“巢”和“穴”是建筑两大渊源。地面建筑是这两源合流而成。其中干栏式建筑对于中国传统木构建筑的发生发展具有重大的影响和作用。[52]

但对于干栏的认识，以往多停留在全干栏的形式上，而对于它在山区结合地形而发展创造出的半干栏形式却缺乏应有的考察和研究。虽然半干栏已发生质的变化，使用目的根本不同，在山地比全干栏优越，然而这种类型在干栏发展史上却至今默默无闻。在干栏发展由架空而下至地面的演变趋势中，半干栏是它最后一种变化形态，以往论及干栏发展序列，常常忽略此点，因而认识是不完全的。有的建筑史在记述我国现代使用干栏建筑的许多少数民族中，恰遗漏了苗族这一重要民族[53]，究其端由，大概也是对于苗族普遍使用的半干栏认识不足所致。而实际上，苗族聚居区所遗存的半干栏其数量之多、分布之集中、发展水平之高在少数民族干栏中是十分少见的。因此，我们不仅应当明确半干栏这种类型的特殊意义以及它在干栏发展史上的地位，还应当肯定苗族半干栏的代表作用。

中国是一个多民族国家，各个民族包括苗族在长期发展中都有自己的创造和特点，他们对整个社会历史文化，也包括建筑文化都作出了自己的贡献。占主要地位的汉文化也决不是孤立发展的，连同它本身的形成在内，也是长期吸收融合了许多古代民族丰富的文化营养和特征。表现在建筑方面自不例外。在中国古代建筑的历史演变中，不能忽视各个少数民族建筑的影响和作用，虽然汉式建筑处于较先进的地位，但也不能片面强调它的影响。

如苗居木构技术自成一套，有的做法与汉族地区相似，但是否就是受汉族木构技术的影响，也不能一概而论。苗族历史悠久，其先民所居长江中游一带，正处古代干栏流行的中心地区，作为具有干栏建筑文化特征的南方民族之一，穿斗木构榫卯技术在新石器时代即有相当水平。先秦时期，高于北方列国先进的楚文化不能说没有苗族先民的贡献。而后迁居西南山区，尤其在盛产木材的黔东南，苗族培植速育杉木的经验十分丰富，自古来著名的“苗木”、“十八年杉”即从苗区远销广大汉族地区。杉木的应用与穿斗构架技术的发展有密切关系，苗族很可能有自己独立的木构技术发展过程，他们的技术也可能随杉木的外销相应产生影响，而汉族木构技术除了自己的创造发展外，还有可能吸收苗族等少数民族的建筑经验。

苗汉建筑之间在漫长的历史发展中，存在着相互的影响，我们可以从现代苗居干栏建筑中保留的古代建筑遗制，来印证全无实例的某些汉族早期建筑特征，如前述的二迭式歇山屋顶、脊上饰鸟等，这对于研究中国建筑史，尤其早期汉族建筑的发展不无裨益。

四、吸收传统经验　创造新的苗居

继承传统，不断革新，是建筑发展一个带普遍性的问题。民居是在一定的历史条件下形成的，旧有的影响和痕迹无可避免，与新的生活要求自然有不相适应的地方。因此，在新的农村住宅设计中，应当对现有的民居进行实事求是的分析与合理的改革，创造出为各族人民喜爱的、既具有传统特色、又合乎现代生活要求及时代精神的新型住宅来。对苗居的传统与革新也是这样。

1. 苗居存在的问题

苗族民居在旧社会由于经济、文化、物质等条件的限制，以及民族压迫、治安不良的影响，存在种种问题，主要表现在：

（1）火灾。传统苗居多为竹木结构，易着火燃烧，加之房屋密集，一有火警，旋即延烧而酿成火灾。方志上关于禳火之事屡有所载："黔之俗编竹覆茆以为居室，勾连鳞次……一遇火，往往延焚数百家，少亦数十家，不可扑灭，民苦之，当其将火也。"[59]如近年有名的雷山西江大寨，一次大火毁掉全寨近四分之一。此种火灾威胁是木构房屋的致命弱点。

（2）欠卫生。有的苗居人畜共处，而隔绝又差，秽气难耐，值暑更甚，有的底层畜圈虽设隔断，但若封闭不严，或联系通道的影响，不良气味仍会窜入居住层，人体健康实受危害。处理较好的虽较为卫生，但毕竟同在一房之内，秽气无孔不入，亦难避免，天长日久，必然生患。火塘燃烧柴禾之类，烟雾粉尘弥漫，污染房屋，也碍于健康。

（3）封建宗法观念。主要表现在堂屋及其神龛的设置上，占用过大的空间，平时显得空旷浪费，同时也影响堂屋后壁作其他的利用。

（4）使用面积不尽经济合理。苗族小家庭人口一般五至七人，但单户房屋建筑面积多在170平方米以上，若加上磨角偏厦等指标更高，因此房屋使用面积是相当富裕的，有的房间较多，过分宽敞。这可能是因缺少院坝或喜好留宿客人所致，但平时使用效率不高，或闲置不用，无异于降低了建筑经济性。

（5）通风采光较差。苗居有的开窗洞口太小，或用白纸糊窗，故室内采光通风欠佳，尤其后半部用房更差，加上山崖遮挡，更显阴暗闷塞，当地湿度大，因此无论对于居住舒适度和房屋使用寿命都有影响。

（6）耗费木材。苗居为全木构房屋，普通三间的半边楼至少需要三四十方木材。当地虽处林区，但用材短缺的现象仍然存在。节约木材亦为农村建设的一个重要问题。然而为省木材有的住房则因陋就简，破败残损，代用材料亦多凑合，较为杂乱，房屋缺乏完整性，不少地方甚至是老寨旧貌，亟待改变。

（7）寨落规划问题。多数苗寨除布置房屋、道路和少量公共活动场地外，无更多的规划内容，尤其是公共福利服务设施十分缺乏，不能满足日益增长的社会生活功能的需要。总体布局有的寨落还有较重的自然主义成分，以致松散过度，浪费地皮，或则密集拥挤、杂乱无章，造成种种弊端。有的道路和排水系统完整性和连续性不够，自然路面过于狭窄，不利行走，排水沟渠设置较少，有的太过放任自流，听其漫坡冲刷，对房屋和道路十分不利。总的来说，寨落总体除了加强保护生态的意向之外，还需要更加科学合理的统筹规划。

2. 改革的指导原则

（1）反映苗族新生活的需要。社会的进步、生活方式与风俗习惯的变化、新的生活要求应当在今天的农村住宅中得到反映。民居也只有同现代生活相结合才会获得新的生命力而有所发展前进，一代焕发着时代精神的新型民居才会在现代建筑的潮流中涌现。

解放以后，苗族人民的生活发生了巨大的变化，经济水平和生活水平有了显著的提高。一般家庭中，家具用具普遍增多，低家具逐渐向高家具发展，汉式五抽柜、大立柜开始盛行。苗族妇女尤其对缝纫机特别欢迎，凡有条件则尽力购置。商业经济的发展促进了家庭副业、手工业等活动的增加。粮食增产也需要更多更方便的贮存空间。现在苗居所包含的生产生活内容比从前大大丰富了。因此，苗族人民对居住条件的要求更高，对舒适程度、清洁卫生、通风采光以及家居环境等都切望加以改善。

（2）体现地方特色和民族特色。传统民居的精华在于它独具个性的地方特色和民族特色，这些特色透露出的乡土气息和民族气质是民居生命力的体现。这种生命力应当灌输到新民居中去，这就是所谓继承传统。

地方特色和民族特色的体现包括内容和形式两个方面。就内容来说，主要是指一些合理的优秀的传统布局手法应当发扬。比如“一明两暗”的手法，退堂的成功处理，以堂屋为中心展开各种居住功能，堂屋本身又是一个多功能的综合空间，主次分明，简单合理。又如火塘间的设置，是苗族民居生活气息和民族色彩较浓的表现，至今仍是住居生活不可缺少的一部分，在新苗居设计中应尊重这种民族习惯，给予适当考虑。但现在有的苗族新住宅设计方案中则取消了这项设置，并作为一种革新的处理，似欠妥当。[55]再如，山面曲廊入口处理手法被证明是适应山区地形的一个成功经验，也是十分可取的。

就形式来说，优美的反映民族风情的建筑形式特征应当继承下来。如“半边楼”这种干栏式样，是苗居地方色彩非常鲜明的一种民族形式，至今在山区还有着顽强的生命力，仅就其适应地形、节约耕地、建筑上山来看，便有重大的现实意义。此外，简朴的建筑装饰，生动的建筑艺术形象，将功能、艺术与经济三者有机统一的某些构造做法和造型表现形式，对于突出和强调地方特色和民族特色作用不小，这些都是值得借鉴的。

因此，要善于将内容上的传统布局手法和形式上的传统做法特征结合起来，进一步加以提炼，赋予新意，“神形兼备”，使地方特色和民族特色有所发展，而不是停留在原有水平上。

（3）照顾现实，考虑将来。传统革新要承认地区的差别，应当根据不同的地区的实际情况，区别对待。新村建设，有的地方做过不少试点，已具一定的基础，而有的地区，尤其少数民族地区，才刚刚起步，无论客观物质条件，还是主观思想因素，都有个准备和适应的过程，不能操之过急。因此，对这些地区应以照顾现实为主，适当兼及将来的发展，否则再好的革新方案也会行不通，只能是浮于幻想。这就是可行性问题。

所谓“以照顾现实为主”，就是说既不脱离现状，又不迁就现状。对当前苗区新村寨建设首先应从解决前述存在的主要问题入手，不能要求过高，为新而新。所谓“考虑将来发展”，就是说对可见的今后的现实目标，留有一定的发展余地，如互换新旧构件的可能性，改建的便利等等，以不超过当前的客观经济能力和技术水平为度。

值得一提的是，目前苗族农村住宅建设有两个重要问题需要注意。一是材料方面的问题，二是使用功能方面的问题。

关于材料方面，主要是由于木材来源紧张，不能满足广大农村建房需要，不少房屋得好几年才能完成，大大影响了发展速度。因此节省木材、少用木材成了当务之急。在苗区如何用土、石、砖等其他材料代木是一条有效的途径。而比较现实的是利用土石。关于砖瓦化目前在当地仍有困难，不但制砖烧窑技术没有普及，而重要的是用于烧砖的黏土原料十分缺乏。所以主要的还是因地制宜采用当地土石代木，改木构为土石木混构，以后再创造条件利用工业废料发展砖瓦或混凝土等建筑材料，即便那时，适当利用地方建筑材料还是不可少的。

关于使用功能方面，主要是对不合理不合乎新生活要求的部分进行改革。但这种改革应以照顾苗居的现实为主。比如，人畜共处不合卫生，但是否一定都在户外另建畜栏，颇值得研究。因山区用地紧张，苗寨基地面积局促，若每户都迁出畜栏另建，占地要扩大许多。有条件的尽可能人畜分离，在室外另建畜栏为宜。此外可以吸收某些苗居畜栏集中封闭的处理手法，仍置于底层，靠向离主要房间较远的一端，而内部切断通道，在宅外设垂直交通联系，能够较好地解决污秽问题，即使同处一房，亦无不可。此部若改用土石围砌，楼面采取类似藏居的密排木条上铺土面的做法[36]，可能效果更好。同理，关于火塘间的保留和改革也应该作如是观。

（4）利于建筑工业化的发展。工业的发展为广大农村住房建设创造了有利条件，而农村住房建设也为建筑工业化的发展开辟了广阔的市场和前景。目前苗区内不少城镇在钢筋混凝土预制工艺上已有一定的发展水平，这就为广大农村苗寨建设打下了一个良好的基础。在建筑设计中，应考虑这一趋势的发展，从民居的平面布局、构造形式、模数应用等方面汲取经验，尤其应确定好各种基本的空间参数，以利房屋改建时，新旧构件有相应的互换性。可以设想，苗居半边楼木构体系今后是能够用预制钢筋混凝土梁柱框架来代替的。这样就更有利于建筑工业化的发展。所以，从现在起就应当积极创造条件。

（5）要有统一规划。农村住宅建设不仅是单体建筑的传统革新问题，还应包括住宅周围的居住环境和整个寨落的总体布局。没有群体的合理性也就谈不上个体真正的舒适性。因此规划的全局观念十分重要。

多数苗居无院落空间，但宅周的环境仍然与房屋联系紧密，应是居住户外空间的一部分，绿化、排水、景观、环境卫生都直接影响到居住环境的质量问题。所以完整地讲，一户即一个居住单元，它包括住房本身及其一定距离内的室外空间环境，构成一组居住环境综合体，这才是一个“住居”的全部涵义。它，应当是建筑布局中的一个重要环节。

若干“住居”构成寨落，其总体规划更不能忽视。现在有的村寨，新居盖了不少，但无统一规划，分布零乱稀拉，甚至不如老寨。如何吸收传统结寨的经验，保持生态环境的自然性，依山就势布置房屋道路，与地景融合协调等等，在规划中都值得认真研究。

注意增加新的规划内容，反映现代社会生活要求，尤其社会公共事业。需要把一个寨落当作社会基本结构元来考虑，公共文化福利设施，商业服务设施，以及集体经济企业等都应有综合安排，改变过去苗寨社会性功能内容一张白纸的现象。大的寨落还应当作集镇来规划。

3. 改革的建议

（1）苗居个体设计，可以分为近、中、远三期

近期改良阶段。为解决建筑用材缺乏的矛盾，逐步将木构房屋改换为土木或土石木混构房屋。房屋骨架、楼面仍为木构做法，仅外围护墙改为土筑墙或石墙，内隔断可用竹编夹泥墙。布局上进行调整，将圈厕合并，在户外设置或户内封闭设置，做法亦如前述，防秽问题可以缓解；取消神龛，压缩堂屋；火塘间可单独设置或与堂屋合并，或作为餐室与厨房并成一套辅助生活用房；改进阁楼交通方式，设固定梯间，兼作贮藏，一室多用等等。以上改良调整，虽较简单，却不易行，非经努力不能达成，因为如土筑墙、石砌墙之类在全木构地区不仅是一项新技术，而且对于少数民族来说，还有个移风易俗的问题，其推广普及并不是一件举手之劳的事。

中期改造阶段。当砖瓦技术发展之后，可以采用砖混结构代替土木结构，木柱可以改为砖石柱，内外墙均可改砖墙，并适当发展部分预制构件，如楼板、格栅、檩条等。木作部分只限于门

窗，可以大大节约木材。根据地形，按生活习惯可把苗居布置为单元组合式或联排式低层楼房，以节约用地。尽量考虑生活小院，使每户有较独立完整的居住环境。推广沼气，改变落后的烧柴禾的能源利用方式。这种改造，外观形象上与木构半边楼干栏式苗居有较大差异，但在布置手法和具体细节的某些处理上仍可保持和发扬苗居传统的一些特点，尽量取其神似。

远期革新阶段。在砖混结构的基础上不断提高，砖石柱可以改为钢筋混凝土柱，向预制化、装配化方向发展，不仅屋面、楼面可以改为钢筋混凝土预制构件，而且整个结构可以改革为轻巧的梁柱框架体系，并可适当采用竹编夹泥墙等地方材料，加以科学革新充作轻质墙体，使苗居成为既具有传统干栏式风格，又具有现代科学技术的新型民居建筑，苗区山乡将会呈现出一派新的风貌。

(2) 寨落的总体规划

居民点选择：有的苗寨选址太过偏僻，远离交通线，有的选在地势险要之处，以致寨落基址拓展不开，不利发展，生产生活不便。新苗寨选址应当有利生产、方便生活，使农耕、居住二者兼顾，较好的是选择坡度不过于陡峭，而农业价值不大的生荒地段。老寨改造也应对外交通方便。

道路系统开设：道路系统为一寨之脉络，在规划中具有关键的作用。现存苗寨道路布置确有特色，但规划和完整性不够，在新规划中宜从全局综合考虑，组织得既顺应自然而又规整有序，较大的寨可以发展街道式道路系统。

房屋布置：新寨房屋布置密度不宜太大，应有防火间距，并使宅周有足够的绿化面积和安排生活小院的面积。切忌“排排房”，千人一面，单调刻板，失去苗寨高低错落、自然和谐的地方特色。

公共事业活动场所的增设：以前苗寨除了马郎场、芦笙场外，很少有其他公共设施，新苗寨应增加这方面的内容，如开设代销店、卫生所、邮电所等服务设施以及俱乐部、文化室、影剧场、学校等文化设施和社队企业、副业加工、小型供电供水等集体事业，方便和丰富苗族人民的文化生活与经济生活。这些内容可以相对集中设置，形成一寨的公共活动中心，使功能内容单纯的苗寨发展成为具有多种社会职能的综合性居民点，像一颗颗闪放着民族异彩的宝石镶嵌在锦绣般的苗疆大地上。

五、结　　语

我国幅员辽阔、民族众多，在悠久的历史发展中，各族人民积累了丰富的建筑经验，根据不同的生活习惯和自然环境条件，创造出了各式各样的民间居住建筑，以其鲜明的地方特色和浓厚的民族风格俏立于建筑之林，这是一份珍贵的建筑遗产。

民居形式和风格的丰富多彩在各类建筑中可以说是独占鳌头。在辽阔的祖国大地上，各种民居如奇葩斗艳，竞相争辉，如东北沃野的囤顶房，华北平原的四合院，西北黄土高原的窑洞，江南水乡的园林庭院，东南丘陵的土楼，西南山区的干栏，西藏的碉房，青海的庄巢，内蒙古的毡包，新疆的土拱平顶房等等，它们既具有我国传统建筑的共同特征，又分别体现了强烈的地方特色和民族特色。

民居都是在长期反复的营建实践中通过若干个体建筑的经验积累而逐渐形成的。尽管由于历史的局限和条件的限制，民居并非十全十美，所以更需要我们加以科学的分析、总结和提高，作为今天新建筑创作的重要借鉴。

由民间居住建筑，尤其广大农村建筑所构成的广阔建筑环境是一切现代建筑所不可忽视的。特别是建筑环境学兴起以来，人们更不可对此置若罔闻。我们应当全面理解现代建筑的涵义，它不仅仅指城市建筑，而且还应包括乡村建筑。建筑现代化的列车是奔驰在城市建设和乡村建设这两条轨道上的。

城乡建筑之间的关系值得研究，可以认为在建筑发展中城市建筑起着主导的作用，乡村建筑起着背景的作用，城市建筑总是在以乡村建筑为格局的环境中发展起来，反过来又带动乡村建筑前进，它们是互相影响、互相促进、共同发展的，纵观建筑史，莫不如是。“建筑风格来自民间”、“民居是建筑创作的泉源”正是基于这个意义上的至理名言。只是到了近代，当现代建筑兴起，盲目发展大城市，建筑发展似乎与乡村建筑无缘，实际上并非如此。19世纪现代建筑兴起之初所奉行的“功能主义”，应该说启蒙于民间居住建筑，换句话说，现代建筑的发端是从民居开始的。[57]特别是到了20世纪的今天，乡村建设在世界上日益引起人们的关注，乡村建设城市化的目标已提到议事日程上来，这绝不是偶然的。

建筑活动既是一个物质生产过程，又是一个社会文化现象，它的发展与社会政治、经济、文化等因素紧密联系在一起。城市现代建筑的畸形发展使人们开始认识到以往忽视乡村建筑的发展是一种历史性的错误，不少欧美建筑界的有识之士慎重地声明：“农村的发展，过去是、并且现在仍然是真正进步的关键。”[58]他们通过国家采取一系列诸如“乡村综合开发计划”、“社区发展计划”、“城乡一体化计划”等等政策措施，来协调城乡建设的发展。在北京多次召开的关于乡村建设的国际会议都号召建筑师要扩大眼界，要了解当地的传统、历史和文化，改革过去只重视城市大中型建筑，而忽视农村建设的情况。[59]我们社会主义国家以消灭三大差别为发展宗旨，更应该从理论到实践自觉地进行城乡建设的协同发展。我们的建筑师尤其应当明确，“在农村建设中充分研究人类居住的历史与文化，并丰富建筑者的知识是十分必要的。没有这种知识就做不好这项工作。”[60]为了了解农村，了解农村建筑，就必须迈开双脚，走向农村的广阔天地，去“采风”、去寻宝，去发掘对我们有益的一切。

对苗居的考察研究仅仅是这个总目标微小的一部分，但在我们的初步探索中，已可感受到在那纯朴率真的乡土气息中透露出的建筑经验的可贵。在聚落总体布局上，合乎生态要求的苗寨选址，顺应自然的房屋、道路等的布置，建筑上山，节约土地；在单体建筑上，具有创造性的独特的"半边楼"干栏民族形式，其居住功能明确合理，从平面布置、空间利用、适应地形、施工建造、结构构造到建筑装饰和建筑艺术形象，都显示出它鲜明的个性特征和成熟而丰富的处理手法，尽管它还有若干不足之处，但其主要的建筑经验是值得学习和借鉴的，尤其在今后的山区建设和新苗寨建设中，无疑有着直接的普遍的意义。

苗族半干栏住宅，作为山区民居典型之一，是西南各少数民族干栏式建筑中一种独特的类型，具有悠久的发展历史，它大大丰富了干栏式建筑及其发展史的内容，在建筑史应占有一定的地位，同其他少数民族建筑一样，对中华民族的建筑文化都作出了自己的贡献。

苗居结合山区地形创造发展的半干栏建筑形式，对我们是一种宝贵的启示。它说明任何一种古老的传统建筑形式只有在同新的环境条件密切结合中才能获得新生与发展。老形式也可以有新前途。同时，也告诉我们，在创造新形式中，切不可将老形式不加分析地一概抛掉，正如不应将洗澡水同婴儿一起泼掉一样，只要还有它存在的客观条件及合理的成分，形式无论新老，当一视同仁，关键在于建筑师的中肯分析与灵活运用，善于推陈出新，而非为新而新，否则将无疑堵塞或缩窄自己的创作之路。

建筑史告诉我们，任何一个国家和民族的建筑都具有历史发展的连续性，这种连续性之关键就在于新老形式的交替中，新建筑无一不是在旧建筑的基础上脱胎发展起来的。大凡称之为创新的形式而得以存在与发展，也就是说这种新形式要有生命力，无不具备历史发展连续性的内涵，它们是为承先启后而标新立异。因此，如何继承传统并不断革新乃是一个原则性的问题。包括苗居在内的新农村建设仍将遵循这一原则向前发展。

当前我国农村建设高潮正在酝酿到来。农村住宅建设已开始扩大到有规划地进行整个村寨和集镇的建设上来，"逐步地把我国目前还比较落后的村镇，建设成为现代化的、高度文明的社会主义新村镇"[61]，已成为一项重要的国策。民居的发展必将面临一次新的飞跃，在建筑史上谱下新的篇章。加强民居研究，也就不仅仅具有理论上的意义，而且更重要的是具有实践上的意义。建筑师的社会责任也将会在这个光荣的历史使命中得到充分的体现。

任重道远，我们必须努力。

注　　释

① 此为贵州地方志对该地区气候与地理环境关系的一种描述。

② 雷公山，苗岭主峰，海拔 2179m，雷山县境内。

③ 十八年杉是苗族人民培育的一种速成树种，移栽十八年后即可成材。

④ 贵州在古代“修竹遍地，野竹丛生”，早在宋代嘉定时，在贵阳附近设“金竹经略府”。明代设“贵筑县”，其“筑”字与“竹”谐音。清代贵阳府以刺竹为上贡品。解放前贵阳以金竹为市徽，又简称“筑”。苗族以竹制芦笙为主要乐器。这些都是因贵州盛产竹子之故。

⑤ （南宋）朱辅《溪蛮丛笑》叶钱序：“五溪之蛮皆槃瓠种也，聚落区分，名亦随异。源其故壤，环四封而居者今有五：“曰猫，曰猺，曰獠，曰獞，曰仡佬。””“猫”即“苗”，为古三苗以后史书上首先出现的关于“苗”的族称。

⑥《战国策·魏策》：“吴起曰：‘昔者三苗之居，左彭蠡之波，右洞庭之水。’”《尚书地理今释》：“三苗今湖广武昌岳州二府，江西九江府地。史记正义曰，吴起云三苗之国左洞庭而右彭蠡，今江州、郑州、岳州也。”历代文献均有所载。洞庭，今洞庭湖；彭蠡，今鄱阳湖。

⑦ 元以前称西南少数民族为“西南蕃”，元以后称贵州少数民族龙氏八大姓为八番，始成为一种民族的专称。详见史继忠《八番沿革考》（《贵州民族研究》1980 年 1 期）。

⑧（明）田宝齐《黔书》、《民国三十七年贵州通志》创建条。

⑨ 黔东南苗族谓男女谈恋爱为“摇马郎”，其他地区又称“游方”、“会姑娘”、“踩月亮”、“玩花山”、“跳月”、“坐寨”等。摇马郎有规定的时间和固定的地点，呼为“马郎场”、“马郎房”、“友方堂”等，不遵守者即遭耻笑。

⑩ 槃瓠即传说中高辛氏神犬，相传槃瓠神话故事在苗瑶语族民族中颇流行，史载则见于《后汉书·南蛮传》。

⑪ 吃牯藏又叫鼓社节，每三年以上逢单过节，各地不一，黔东南以十三年过一次，是苗族最隆重的杀牛祭祀祖先的大典。但耗费过度，对生产发展有很大影响。

⑫ 苗族称毒虫为蛊，旧时有“蓄蛊”以毒伤害仇家的说法，即“放蛊”，对蓄蛊的人要怒目而视，不能接近。

⑬（明）郭子章《黔记·诸夷·苗人》。

⑭（清）谷应泰《西南群蛮》。

⑮ 从前苗寨的首领称“榔头”，当需要联合抵御外敌时，各寨榔头组成“合榔会议”，又称“告榔”，订立盟约共同遵守，相当于“部落联盟会议”。

⑯ 苗族有枫树崇拜，认为各种各样的种籽都结在枫树上，而且枫木生人，用作房屋中柱，子孙兴旺，以为树神。

⑰ 过苗年的习惯以前较盛行，现仅雷公山地区仍从旧俗，苗年时间在阴历十月的第一个卯日，或插秧日后的第二百天，节日活动长达半月，各小寨结束后再集中到西江大寨，最为热闹隆重。

⑱（明）计成《园冶》卷一兴造论。

⑲ 杨廷宝谈建筑·齐康记述《丁字尺·三角板加推土机》（《建筑师》5 期）。

⑳ 四川民居中磨角系指正房梢间与厢房连接部分的称呼，无厢房配合者，正房梢间不称磨角。

㉑（明）计成《园冶》屋宇·磨角篇、“磨角，即折角，意屋角折转而上翘。”与苗居谓磨角者相似。

㉒ 贵州《都匀志·土民志》。

㉓ 雷语称火塘为“干基督”，一户按一个干基督计算，分家则另起火塘。火塘的位置，有的地方定在房间正中，对准中柱设置。

㉔ 火塘铁三脚架苗族视为神圣之物，不得碰撞，尤其不准妇女踩踏。

㉕ 参看本文附件。

㉖《清一统志》：“苗人架木为巢，寝处炊火，与牲口俱夜。”

㉗ 云南省建筑工程设计处少数民族建筑调查组《云南边境上的傣族民居》（《建筑学报》1963 年 11 期）。

㉘ 叶启燊《四川成渝路上的民间住宅初步调查报告》，铅印本，1958 年。

㉙ 参看鲍鼎、刘敦桢、梁思成《汉代的建筑式样与装饰》（《中国营造学社汇刊》五卷 2 期，1934 年）。

㉚ 苗谚有“齐脚才抬得动房架，齐心才能相处。”
㉛ 苗族匠作口诀有“床不离五，房不离八”，即做床的尺寸尾数须为五，盖房中柱尺寸尾数须为八。
㉜ 这种结构方式又称抬梁式或架梁式，本文称叠架式，成语有“叠梁架屋”，较能准确反映这种结构的构件层层搁置的做法特点，似比“抬梁”等称谓恰当。
㉝ 龙非了《中国古建筑上的“材分”的起源》，油印本，1981年。
㉞ 如陕西关中地区民居开间、进深、层高的尺寸都以8为尾数。参看周土锷《农村建筑的传统与革新》（《建筑学报》1981年4期）。
㉟ 宋代斗栱以栱高为“材”，辅以“栔分”，作为度量房屋的基本单位，清代斗栱以“斗口”，即栱宽，作为度量房屋的基本单位，都是以“斗栱”构件的形式特征为模数。
㊱ 刘致平《中国建筑类型及结构》136页，1957年。
㊲ 自然辩证法编写组《自然辩证法》273页，1979年。
㊳ 见〔注27〕
㊴ 中国社会科学院自然科学史研究所《中国建筑技术史》第九章第一节，油印本，1977年。
㊵ 孙以泰等《广西壮族麻栏建筑简介》（《建筑学报》1963年1期）。
㊶ 汉族地区设火塘的生活习惯如四川北部大巴山地区的广大农村都普遍存在。
㊷ 原始床榻的出现在西安半坡原始村落遗址中有所发掘。可参看杨鸿勋《中国早期建筑的发展》（《建筑历史与理论》第一辑116页，1980年）。
㊸ （美）B·吉沃尼著，陈士骥译《人·气候·建筑》，276页，1982年。关于居室温度舒适度标准，我国较该书取值偏低。
㊹ 陈伟廉等《略论广东民居“小院建筑”》（《建筑学报》1981年9期）。
㊺ （清）贝青乔《苗俗记》：“女子十三四，构竹楼野外处之，苗童聚歌其上，……黑苗谓之马郎房。”
㊻ （明）邝露《赤雅》卷一罗汉条：“以大木一枝埋地作独脚楼，高百尺，烧五色瓦覆之，望之若锦鳞矣，攀男子歌唱饮噉，夜归缘宿其上，以此自豪。”（明）顾阶《海槎余录》：“凡深黎村，男女众多，必伐卡木，两头搭屋楼间，上覆以草，中剖竹，下横上直，平铺如楼板，其下则虚焉，登涉必用梯，其俗呼曰‘栏房’，遇晚，村中幼男女，尽驱其上，听其自相偕偶。”可见，以上公共社交用房仍为干栏式建筑。
㊼ 安志敏《干栏式建筑的考古研究》（《考古学报》1963年2期）。
㊽ 参看本文附件。
㊾ 刘敦桢主编《中国古代建筑史》，28页，1980年。
㊿ （日）田边泰著，刘敦桢译《“玉虫厨子”之建筑价值并补注》（《中国营造学社汇刊》三卷1期，1934年）。
(51) 戴裔煊《干兰——西南中国原始住宅的研究》，64页，1948年。
(52) 参看本文附件。
(53) 建筑工程部建筑科学研究院建筑理论及历史研究室中国建筑史编辑委员会《中国建筑史》第一分册，234—236页，1962页。
(54) （明）田雯《黔书·禳火》。
(55) 《建筑学报》1981年10期发表的全国农村住宅设计竞赛方案及述评中，如对贵州2号方案作为苗族、布依族的体现地方特点与民族特点的设计介绍，无火塘设置。这关系到不少使用火塘的少数民族的生活习惯与住宅革新的问题，故应持慎重态度加以研究。
(56) 叶启燊《四川藏族民居调查报告》，复写本，1966年。
(57) 19世纪后半叶以莫里斯为首的手工艺运动影响建筑，其代表作“红屋”，即为居住建筑，它打破传统，在居住功能合理布置上迈出一大步，成为现代建筑“功能主义”的先声。1893年比利时首都出现欧洲第一座新风格居住建筑，首次打破古典传统束缚。具有世界性影响的美国“芝加哥学派”，其高层建筑的兴起是受“编篮式”民间木屋住宅启发。至于现代建筑第一代大师之一的赖特则是从“草原式”住宅起家的。由此可见，在新的建筑思潮中，居民这种类型常常当作开路先锋。
(58) 转引自冯华《建设现代化的、高度文明的社会主义新村镇》（《建筑学报》1982年4期）。
(59) 参看注58。
(60) 《阿卡·汗建筑奖第六次国际学术讨论会在中国举行》（《建筑学报》1982年1期）。
(61) 参看注58。

附论

干栏式建筑及其历史地位初探

干栏式建筑是一种最早的原始形式的住宅，在我国古代曾广泛流行于长江流域及其以南地区，可以说整个南中国都是以这种建筑形制为主。它以强大的生命力一直延续到今天，在贵州、云南、广西、四川、湖南、广东和台湾等地还普遍使用着。从古到今，干栏式建筑虽然经历了种种演变和发展，但其基本特点一直保留、承袭下来。

干栏式建筑是离地而建的房屋，其下部以竹木石等作支柱架空，上部主体置于底架上，居住面抬离地面，亦可称为“长脚的房屋”。它的构造特征是立柱架屋，空间特征是上实下虚，即所谓“悬虚构屋”。建于湖面上的水上住居即“湖居”，也属这种类型。还有人认为古代的楼与阁也应看作是一种干栏式建筑。[①]

我国古代文献不乏关于干栏的记载。“干栏”一词最早见于魏书：“依树积木，以居其上，名曰‘干兰’。[②]”同时还有其他多种称呼，如“阁栏”、“高栏”、“擖栏”、“麻栏”等等，都因少数民族语音转译而来，不免小有差异，但都是“楼房”的意思。[③]

对干栏建筑形制的起源和发展近代不少学者做过一定的研究，但“过去对于这种建筑形制的研究，仅着重于文献记载或结合民族学资料去考察，对于它的发生、发展及其形制结构等，都比较难于解决，甚至于在建筑史的研究上也很少接触到它的源流，从而忽略了这种建筑在我国文化史上的重要地位。”[④]也就是说，以往的研究多从考古学、历史学和民族学的角度出发，很少用建筑学的观点去加以考察。随着干栏考古资料的丰富，对于干栏式建筑的认识逐步深化，这种建筑形制不仅与我国北方地区的穴居体系同为历史悠久的古老建筑文化，而且对于中国传统木构建筑的起源和发展有着重大的影响，因此研究干栏的发生、发展及演变规律，在建筑史上的意义是不言而喻的。

（一）干栏式建筑的起源和发展

虽然从已占有的文献记载和考古发现等资料可以较为深入地讨论干栏建筑的有关问题，但与干栏建筑悠久的历史相比，还大大不够，亦有不少缺环和疑难亟待解决，尤其发展的某些细节、形制特征的演变等至今不甚了了，因此对于干栏建筑的起源和发展，只能作一粗线条的勾画，有的只是凭借已知材料提出一些逻辑性的推测或假说。我们相信，随着考古工作的发展，将会获得更加丰富的发现与证据。

1.“干栏”发展序列

从房屋架空、居住面离地的基本特点来看，历史上所存在的干栏式住房，按事物由简单到复杂，由低级到高级的逻辑顺序，可以排列成如下的发展序列：巢居——栅居——干栏——半干栏（图1）。

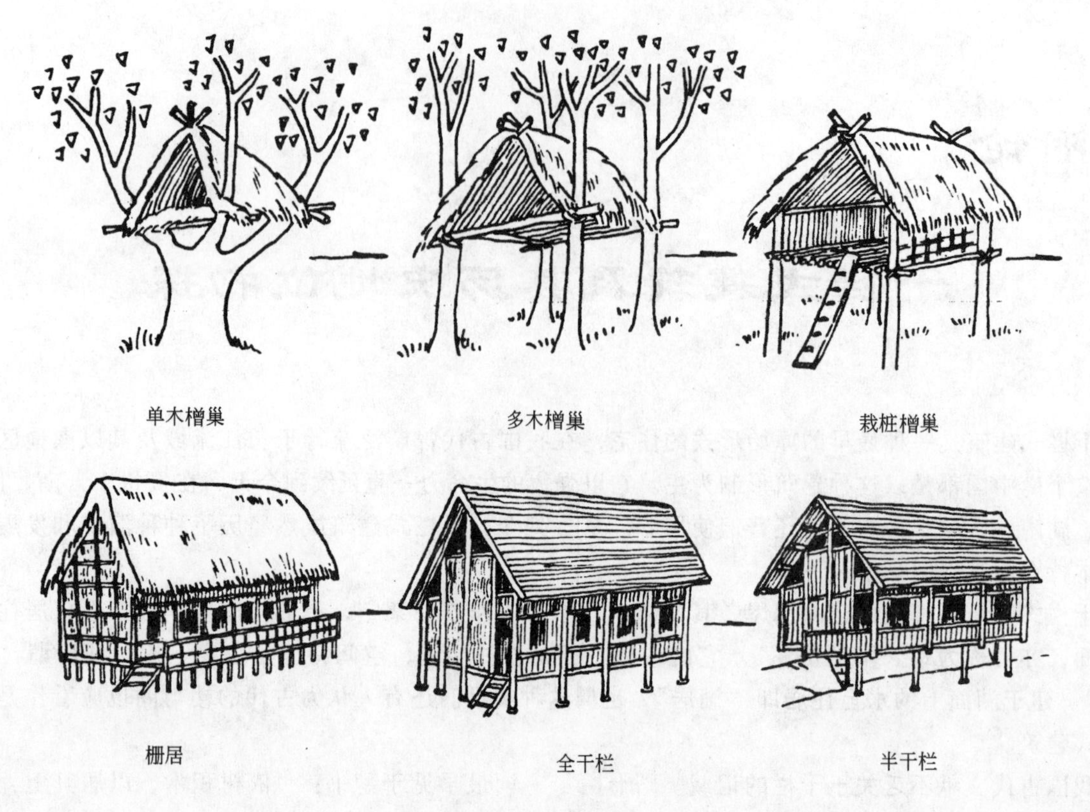

图1　半干栏演变发展序列

巢居是把居所建造于自然的一株或数株树上，“构木为巢”，若鸟巢然。这是最原始的住宅建筑形式，它是人类从类人猿栖之于树的居住方式的直系发展。巢居形式史称“橧巢”。最初的橧巢是利用大树的枝丫搭建，居住面可能为平面，可也能为自然的凹面，与鸟巢无异。当营造技术有一定提高，则利用相邻的几株树搭设平台，上覆交叉木棒形成棚盖，由单木橧巢发展为多木橧巢。这不但开拓了空间，而且较为稳固安全。四川出土的一件古代青铜錞于，上刻象形文字“[illegible]”，“像依树构屋以居之形”，即为多木橧巢的写照。[5]此种原始住居形式现代还可在东南亚、太平洋岛屿澳洲、印度、南美洲和非洲等地的热带森林地区的古老民族中找到实例（图2）。

图2　太平洋岛国新几内亚东南部 Koiari 之巢居（原载 H. Schurtz，Urgeschichte der Kultur，录图见注③）

这种依靠原生树木构屋的方式毕竟束缚人的活动，它提供的选择不多，乃生存环境所迫，不得不高居树上。当石器工具发展之后，原始人学会伐木栽桩，然后在桩上架屋，这就是栅居。它已具备干栏式房屋雏形，是干栏的低级发展阶段。栅居的出现是营造技术的一大进步，它标志着人类的营造活动已脱离了自然界的限制，获得了相对的自由。这表现在两个方面：一是栅居可以灵活变化空间以适应需要，根据实际生活要求决定住屋大小，不像巢居那样受固定条件的限制，二是人们可以选择适于生存的、环境条件较为优越的地方定居，同时把以前单个的住所集中在一起修建，形成聚落，使家庭、家族、以至部落可以在一个基地共同生活，加强了集体同自然界作斗争的力量，便于联合抵御外敌和野兽的侵袭。栅居不仅仅是人类史上第一次独自创造的全人为建筑，而且若干栅居构成村落，在建筑史上也是第一次出现建筑群的概念。因此可以说栅居是建筑发展史上的首次飞跃，具有划时代的意义。

关于巢居与栅居的关系，曾有几种不同的意见，一种意见认为二者没有关系，一种意见认为巢居就是栅居，再一种意见认为二者为源流关系，栅居源于巢居。[⑥]看来最后一种意见较为正确。

从事物发展的本质特征看，巢居与栅居都是一样的，即构造特征都是支柱构屋，说明它们是同一事物两种不同的表现形式，而栅居更为进步。从时间顺序上看，巢居的记载都不是当时已存建筑，大多是追述传说中的建筑形象，而栅居则多载于较晚的史书，并指出是其时已有的房屋式样，如汉代出土的干栏式陶屋亦多为栅居。所以，栅居与巢居同一本质，而栅居出现在后，又较先进，它是原始巢居形制的直接继承与发展，殆无疑义。

随着生产力的发展和工具的改革，尤其在出现金属工具以后，营造技术相应大为提高，可以把木桩底架和上部房屋做得更加精细，榫卯结合更加严密，建筑更加稳定。这样，便可以不用栽柱，而采取地面立柱加垫的办法建造房屋，成为正规的干栏式房屋。它比栅居更为先进优越，尤其选址可以灵活广泛，在不易栽桩的硬土岩丛地区，也可以照样盖房，人们的居住范围从河网湖沼低地能够扩大到高亢的山地。同时，栽柱受潮易腐的缺陷得以避免，建筑寿命延长，加之基础工程量少，节省原材料，提高了施工速度。所以干栏比栅居适应性更强，经济耐久，而对于生产力不发达的古代，这可以说是一个意义重大的变革。

半干栏是干栏式应用于坡地的一种变化形态，它的出现反映人们两种意图：一是如何从更经济的办法适应地形，利用坡面空间，二是如何克服全干栏与地面联系不方便的缺点，争取地面活动的自由度。这些意图只有在营造技术达到相当水平，营造经验较为丰富以后才会成为可能，因为半干栏的构造和施工比全干栏要复杂得多。开初，坡地盖房仍习惯于平地起屋的传统办法，即采用全干栏式，这须开挖较多的土石方，以辟出房基台面。以后发现后坡可以利用来联系出入，用天桥代替上下的梯道，平通室外，较为方便。进而，渐将房屋靠崖修建，室内外直接相通。为解决因之造成的底层采光通风欠佳的弊病，更将房屋跨坡嵌入，缩小底层进深，令一部分房屋变成平房，另一部分则保留楼房，至此半干栏遂告形成。原来干栏式防潮避湿防兽的初始目的发展演变为利用空间、适应地形的功能追求。

这种演变是与干栏式建筑发展的内因分不开的。从巢居时代起，就蕴藏着它矛盾对立面的发展因素，即向地面接近的演化趋势。

人的形成过程是从类人猿自树上生活下至地面并适应地面生活开始的，但他们又不得不离开地面回到树上居住，正如恩格斯在论述原始人类蒙昧时代的生活时说："人还住在自己最初居住的地方，即住在热带的或亚热带的森林中，他们至少是部分地住在树上，只有这样才可以说明，为什么他们在大猛兽中间还能生存。"[⑦]这种居住方式乃生存所迫，并不合乎人类发展的需求，当生产力提高，人类抵御野兽的能力增强，尤其是利用火的技能变得成熟以后，他们的居所还是尽可能地下降，以至居住面"落实"到地面，成为地面建筑。这一趋势，可以从栅居代替巢居，干栏代替栅居，地居又代替干栏的历史事实表现出来。在穴居体系中，即由穴居、半穴居、地面建筑的发展中，也可以看到人们力求将居住面置于地面，以便于生活的各项活动的同样趋势，只不过巢居是由上而下，穴居是由下而上，方式不同罢了。

这个推测还可以从考古材料中获得证明，在浙江余姚河姆渡文化新石器时代干栏遗址中，第四文化层为高干栏，第三文化层为低干栏，第二、第一文化层则出现栽柱打桩式和栽柱式地面建筑。这表明越往后，干栏建筑越来越接近地面，最终演变为地面建筑。[8]

由此来看半干栏的形成即很清楚，这是干栏式在山地发展的必然趋势，因在山地条件下，干栏居住面接近地面的趋势可以采取横向后靠的方式，与坡地取得直接的联系，从而获得地居的方便，又保持干栏的传统。

综上，巢居是干栏起源的原始形式，栅居是干栏发展的初级阶段，而半干栏是干栏在山地的继续和最后的发展。

运用事物发展的逻辑分析方法提出干栏发展序列，这个方法固然可以把各个领域中的概念系统全部地组织成一个体现事物发展进程的历史集合，但“事物的实在形态，在实际出现时间中的次序，一部分跟概念逻辑的次序是互有出入的。”[9]所以，在干栏发展史上常常有栅居与巢居同时并存，全干栏与半干栏同时并存的现象，这是因为地区、民族、环境、历史等条件的不同，发展不平衡的缘故，并不妨碍上述序列的正确性。

2. 干栏式建筑发展简史

可以大致把干栏式建筑的发展分为源起、雏形、成型、高潮和衰落等几个阶段。

(1) 源起阶段

远古的旧石器时代和中石器时代是巢居的源起阶段。原始人类最早的宿处无外乎栖身于树和藏身于洞，“巢”和“穴”便成为建筑的两大渊源。最初的巢也许是出于本能或受自然界中鸟巢的启示而为，后来积累了生活经验，为改善栖息条件而修整枝叶，铺垫空挡，加栏围护，以策安全等，由此而产生最初的营造观念。完善的巢标志着原始人已超出自发本能的非意识范畴，把营造活动变成自觉的行为，后来的巢已是直接进行物质生产活动的产品。

这是一个极为漫长的过程，从世界范围看，二三百万年前伴随人类的产生，即从人学会使用和制造工具之后，直到新石器时代初期，可能都是巢居时代。在我国已知最早的人类遗迹三峡巫山人及云南元谋人距今200多万年及170万年，可作为目前所知巢居时代的上限范围。

远古巢居的实物遗迹是否存在，难以逆料，因这种依靠原生木的住居与森林无法区别，上部使用的植物性材料难以保存至今，除非某种特殊的地质突变，能意外地保存于地层中，而为今后的田野考古所发现。因此我们对巢居的直接认识远不像穴居那样，由于原始遗址的发掘从而了解得更多。但在早期古籍文献中却有不少关于巢居的追述：

韩非《五蠹》：“上古之世，人民少而禽兽众，人民不胜禽兽虫蛇，有圣人作，构木为巢，以避群害，而民悦之，使王天下，号之曰‘有巢氏’。”

《庄子》：“古者禽兽多而人民少，于是民皆巢居以避之。”

《礼记·礼运》：“昔者先王未有宫室，冬则居营窟，夏则居橧巢。”

《孟子·滕文公》：“上者为巢，下者为窟。”

有人认为这些关于巢居的记载，“是与西南中国民族接触得来的传说[10]，”这也不无道理，因一种原始形制在保持原始生活方式的古老民族中遗存是历史上常见的事。但它至少表明文载之时的春秋战国时期，我国南方还有不少巢居存在。这并不是说人类的巢居时代会一直延续到此时，同样，我们也不能因至今未发现远古巢居遗迹便怀疑它在历史上的存在。[11]

(2) 雏形阶段

整个新石器时代可以认为是干栏发展已具雏形，即栅居的时代。栅居的出现至迟不晚于新石器时代早期。如我国浙江余姚河姆渡新石器时代早期的原始村落遗址是我国也是世界上迄今已知的最早的栅居式干栏建筑，距今约7000年。从该遗址木构榫卯技术的成熟程度来看，干栏的出现时间无疑还可上推。[12]栅居作为干栏的低级阶段，在建筑史上为发展的首次飞跃，它一定持续稳定了一个相当长的发展时期，已发现的早期干栏考古材料大多属于这种类型。

新石器时代干栏式建筑遗址和模型已发现多处，除河姆渡文化外，较有代表性的还有浙江吴兴钱三漾遗址[13]，江苏丹阳香草河遗址[14]，云南剑川海门口遗址[15]，江西清江营盘里陶器模型等[16]，有的出土了大量带榫卯的木构件，有的反映了当时的建筑形象（图3）。这些材料充分说明了从新石器时代或更早期起，干栏式栅居已广泛分布于长江流域，尤以下游河网湖沼地区为著。以前我国有学者曾推断远古栅居中心在东南亚洲沿海一带，看来具有一定的预见性。[17]

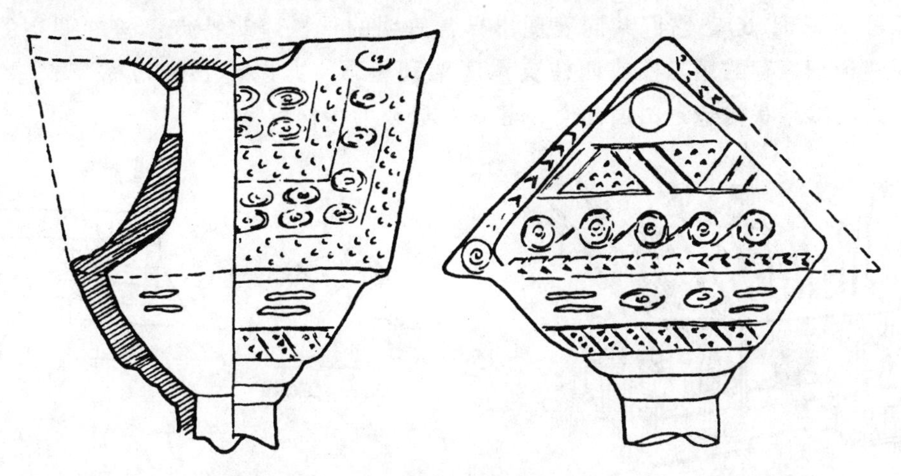

图3　江西清江营盘里出土的陶屋模型

（录图见注④）

值得注意的是，在云贵高原地区所发现的新石器时代干栏遗址的分布。在云南气候温和多雨，森林茂密，自然地理环境较适合干栏建筑的发展，因此它有自己独立发展的条件，这并不排斥与长江中下游地区的干栏存在着相互影响和某种联系的可能性，但至少说明我国西南地区干栏式建筑历史发展也是十分悠久的。

新石器时代干栏的复原较困难，从现有资料看，它大体特点是：排列较密的木桩，打入生土之中，底架用料粗壮，木构采用穿斗榫卯技术，具有相当成熟的发展水平（图4），只有较复杂的节点

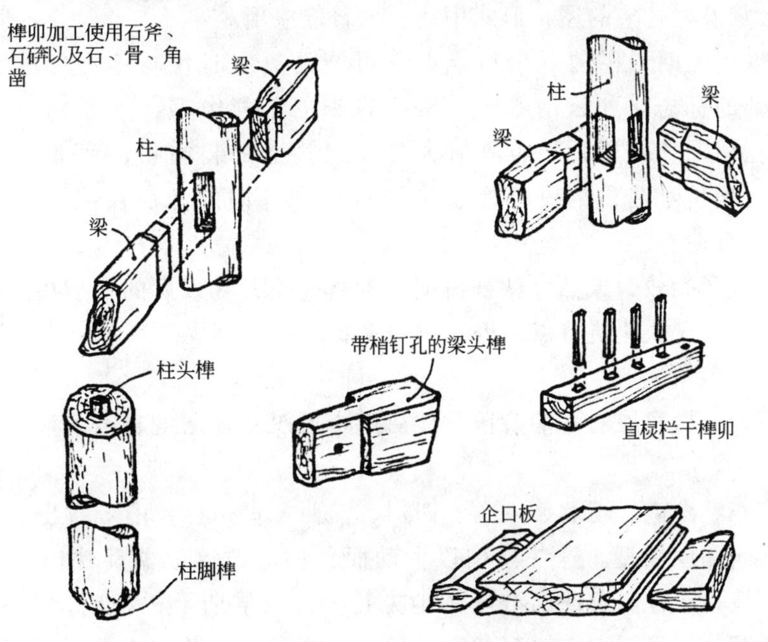

图4　河姆渡文化第一期木构榫卯类型

（录图见注⑫）

采用绑扎，建筑平面有圆形、长方形两种，后世干栏典型特征“长脊短檐”屋顶已经出现。这些表明此期干栏式栅居脱胎于自然界，经长期发展已具干栏式建筑的雏形，并成为主要的建筑形制。

(3) 成型阶段

青铜时代是干栏建筑成型阶段。由于金属工具的出现，干栏建筑获得长足的进步，较典型的例证，如湖北蕲春西周干栏遗址⑱，云南晋宁石寨山青铜器上的干栏建筑模型⑲，传世的铜鼓上的干栏建筑图像等（图5，6）。它们共同表现出异常鲜明的干栏建筑特点：桩柱架空的底架木构榫卯制作更加规整精细，有的用二柱或四柱支承底架和屋顶，尤以“长脊短檐”式屋顶十分突出，其山面博风交叉出燕尾状构造，山面出厦，建筑布局较为多样。

图5　云南晋宁石寨山出土青铜器上干栏模型（录图见注④）

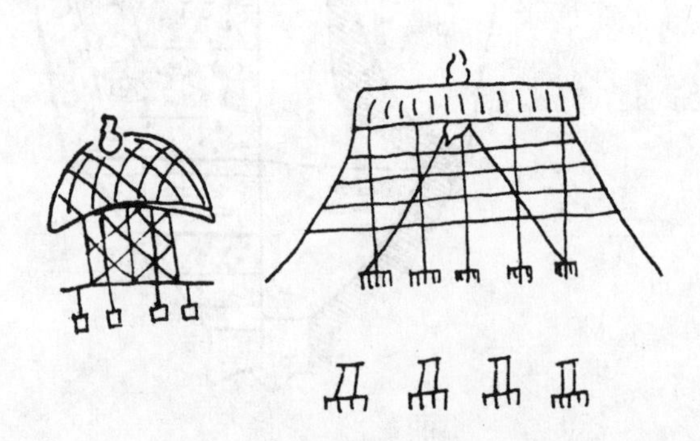

图6　青铜鼓上的干栏图像（录图见注④）

这种“长脊短檐”式屋顶在我国古代建筑中较少见。它起源于新石器时代，成为此期干栏建筑一个重要特征，在以后的建筑中基本绝迹，目前仅知在云南景颇族干栏中还保留此种古制。⑳但在日本古代“校仓”与神社建筑中大量流行过这类屋顶，从有部分自认为苗裔的日本人到我国“寻根”的事实来看㉑，是否可以推测古代三苗时期或以后苗族人曾南迁出洋，而将此制传入琉球日本，抑或还有其他传布途径。此外，这种形式的屋顶还盛行于马来亚半岛、南洋群岛等处。㉒而带厦的做法在广西壮族麻栏住宅的屋顶形式中还较为普遍应用。㉓

在屋顶上饰鸟也是此期干栏的一个特点，它可能是巢居时代与鸟为邻的习惯心理的反映或南方民族图腾崇拜的标志。如云南晋宁石寨山青铜器干栏模型，屋顶前后横压条上各栖鸟两只，开化铜鼓干栏图像，在屋顶上也立有大鸟，这些当是装饰物，而非真鸟，有人也认为它表示房屋主人社会地位和身份的一种标志。㉔这种屋脊鸟饰的做法在现代苗族、佧佤人等少数民族干栏房屋中也有遗存。

青铜时代干栏建筑形制较为成熟，特征鲜明，独具一格，在以后的发展中逐渐与中原建筑文化交流影响，融合了某些汉式建筑特点，得到新的发展。

(4) 高潮阶段

战国、秦汉时期为干栏发展的高潮阶段，此后随中原汉式地居的普及发展，干栏式建筑才渐被取代。

从南方各地如广东、湖南、湖北、广西、四川、江西、贵州、云南等省出土的汉代墓葬明器中，发现大量干栏建筑陶屋模型。这些模型以生动而具体的建筑形象反映出了此期干栏的特点(图7)。它们既有共性，又各自表现出浓厚的地方特色。与早期干栏相比，产生了很大的变化，而和后世的干栏极为相像，形制和结构都奠定了以后干栏发展的基础。现代所存的干栏式建筑可以说与之大同小异，尤其是陶囷和谷仓模型和现在贵州、广东、台湾等地所见的类似建筑几乎毫无二致。㉕这些模型不但表现出底架结构的完善，并于柱下设石础，上部房屋亦如地居式，有的还采用斗栱做法。屋顶已不见早期“长脊短檐”特征，多为悬山式，屋面已有铺瓦者。也许瓦的应用正是这种倒梯形屋顶消失的原因，当瓦代替茅草等植物性覆盖材料后，长脊短檐的形式在山面不便于瓦的铺设和剪边，悬山伸长保护山面比长脊的做法来得简便，故老形式不再适用。至于其他的变化，如斗栱的出现、普遍的悬山屋顶、地居式的上部房屋等是否为汉式建筑的影响，亦难决论，因这些做法在南方条件下也有可能独立产生发展，并不一定特为中原建筑文化所专有。

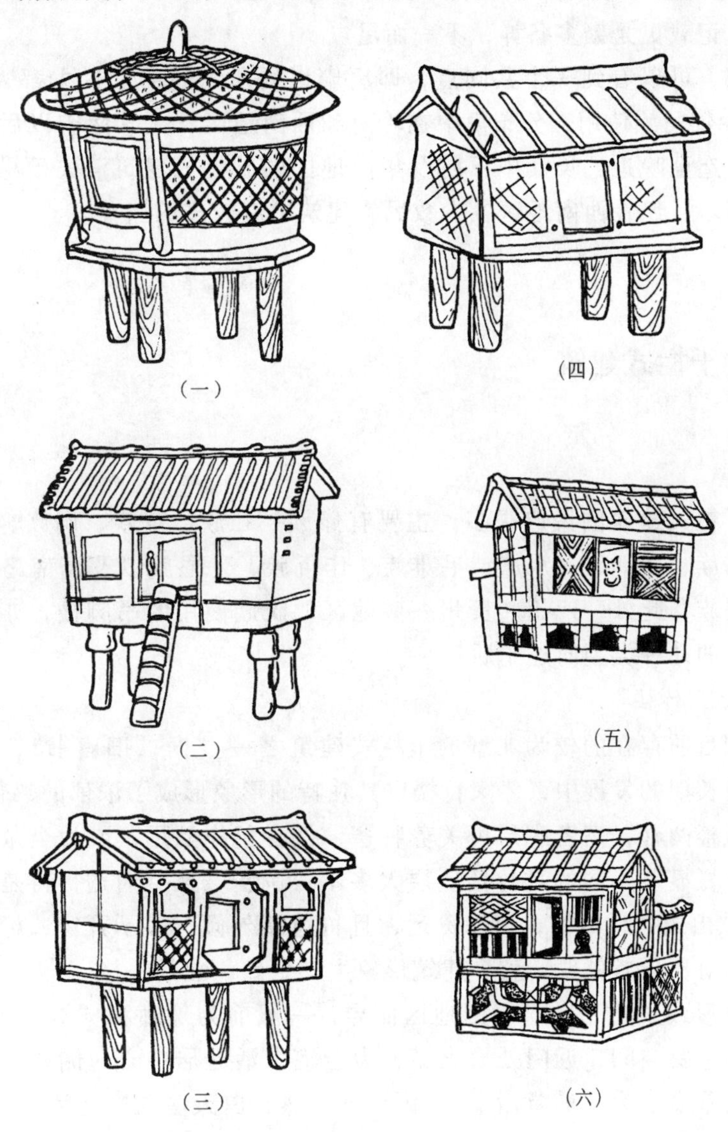

图7　广东出土的汉代干栏陶屋模型
(录图一至四见注④，五、六见注㉒)

(5) 衰落阶段

长江中下游地区干栏式建筑的减少，早在秦汉时期甚至以前就开始了，随着民族迁徙而向其他地区散播，汉以后干栏的发展已成强弩之末，开始走向衰落。东汉以降，历代很少见有干栏的明器模型，或许墓葬制发生改变不能在出土中反映出来，或许由于干栏建筑已不是主要的形制而逐渐销声匿迹。其中的细节缺环，有待考古的进一步发现。

值得注意的是，自此以后，关于干栏的记载却较前期大为丰富，“干栏“之名正式见于文献也在此时，往后则不绝于史。除了魏书以外，较早记述干栏的还有：

晋张华《博物志》：“南越巢居，北朔穴居，避寒暑也。”

《旧唐书·南平僚传》“土气多瘴厉，山有毒草及沙虱腹蛇，人并楼居，参梯而上，号为‘干栏’。”

宋史《太平寰宇记》卷一六三：“窦州（今广东信宜）、昭州（今广西平乐）风俗，悉以高栏而居，号曰干栏。”

明邝露《赤雅》：“僮丁缉茅索陶、伐木驾楹，人栖其上，牛羊犬豕畜其下，谓之麻栏。”

至于清代以来，记载更是繁多备详，不一而足。

从历代典籍所载，可以看到一个共同点，即唐宋以后所记述的干栏大都为所谓“深广之民”或“僚俚蛮夷”等少数民族使用，分布集中在岭南和西南地区，尤其南宋以后中原建筑文化渐被珠江流域，历元明清迄至晚近，长江中下游及华南地区的干栏式建筑消失殆尽，残存无几，它的分布地区收缩越来越小，仅在西南地区各少数民族建筑中有较多的遗存。

（二）西南地区的干栏式建筑

1. 分布及其特点

我国现代使用干栏式建筑的民族很多，主要有傣族、壮族、苗族、侗族、布依族、瑶族、崩龙族、景颇族、基诺族、布朗族、水族、毛难族、佧佤族、爱尼族以及海南岛的黎族和台湾的高山族等十几个少数民族，此外，四川、贵州一些地区的汉族使用的吊脚楼，亦为干栏的一种变化形态。现将有代表性的几种类型简述于后：

（1）云南傣族的“竹楼”

傣族竹楼是我国目前存在的较为典型的干栏式建筑之一。[26]据《旧唐书》，早在一千多年前傣族干栏就有所载。在长期的发展中，傣家竹楼以其独特的形象形成了浓郁的热带建筑风格。

傣族干栏有高低楼两种，高者底层可关养牲畜，低者仅作贮用，或为全敞透空，以高干栏为多。外观上与其他干栏显著不同的是竹楼底层大多不设围护，架空通透，再是屋顶高大峻急，为所谓“孔明帽”之歇山式，设重檐，出际深远，且竹芭墙外倾，多不开窗，檐下阴影浓重，与光亮的板瓦或单排屋顶对比异常鲜明，整个建筑形象生动别致，独具一格。

居住层平面为方形或长方形，布局因地区而异，一般前为外廊和“展”（晒台），设板梯上下。堂屋宽大，占据主要空间，近门处设火塘，为全宅生活起居中心，侧或后设卧室，分小室或隔帐以居，整个布局基本上为“前堂后室”。因天气炎热，白天多在廊上活动，“展“作为生产设施也可补户外居住活动面积的不足。

内部空间较单一宏敞，利于隔热与通风，尤其楼面墙壁均为竹片编排，缝隙较多，周围上下空气流通，室内至为凉爽，但无窗之设，采光不足，偌大空间显得阴暗。

房屋以木构架承重，也有全竹构的，一般民居木架简单，为不完善的横向构架，但土司头人住宅规模宏大，结构复杂，从前的召片领（宣慰使，西双版纳最高统治者）官宅，木柱达百根以上，并油饰雕刻，突出反映了建筑的阶级差别。

地方材料竹材的广泛应用使傣族干栏独具地方特色和民族特色。

（2）云南景颇族干栏

景颇族干栏属于较为古老的早期干栏类型。[27]一般亦分高低楼二式，以低干栏为多。其低栏底层层高在1米以内，不能关养牲畜，同时檐墙低矮，故入口皆设于山面。屋顶陡峻，显目突出，特别令人注意的是“长脊短檐“倒梯形的屋顶形式，正脊两端伸出许多，极富个性特征。这在现代干栏中可能是惟一保留原始古制的特例。

平面常以中柱纵向划分为二，堂屋与卧室、厨房各据一侧，山面入口处多设前廊，晒台则随宜布置。内部空间隔断甚低，上部空间连成一片，利于通风，但无采光，室内阴暗异常。

景颇族干栏结构系竹木的纵向列柱体系，无横向梁架，柱子埋于地下，也是一种原始古老的结构方式。外墙楼面做法与傣族干栏相似，外墙倾斜向外利于防雨防晒。

（3）广西壮族的“麻栏”

壮族是我国少数民族中人口最多的一个民族，其传统干栏式住房早载于南宋史籍：“民居苫茅为二重棚，谓之‘麻栏’，以上自处，下蓄牛豕。”[28]壮族麻栏规制完整、建造工精，是后期发展水平较高的类型。[29]

麻栏形式主要分全干栏与半干栏二类。山区多全干栏，而浅丘地区多半干栏。全干栏一般为三间，也有的面阔五间，高达三层，体型较庞大。底层周设木栅，仍显通透。屋顶多悬山，其中山面出厦者为古代干栏的一种建筑特征。

居住功能分区明确。底层似一大杂务院，有圈厕贮杂之设，空间单一连通，在入口处设梯而上。居住层前部为外廊及望楼，室内布局呈“前堂后室”，有的于左右设耳房，火塘间独立设置，但敞其一面与堂屋过间连通空间打成一片，中部这一主空间尤为宏敞，为一般民居所罕见。顶层仅局部设阁层，以搬梯上下。

麻栏根据地形，在单一体型上常加建偏厦、谷仓、小间、抱厦、晒排等，平面空间在组合上产生丰富的变化。

结构为常见的穿斗木构架，多为五柱十二瓜，檩距较密。围护为木板壁，有的以土筑墙、竹笆墙代木，表现出因地制宜的特色。

全楼居麻栏在适应山地和室内外联系上未能充分利用坡面空间，使用上存在若干不方便、不经济的局限之处。

（4）贵州苗族的“半边楼”

苗族干栏基本形制以半干栏为主，俗称“半边楼”。由于所居之地多在高山地带，坡陡谷深，全干栏不能适应这种复杂的地形，渐之演变为半干栏，并得到充分发展，成为一种形制完善成熟的独特的干栏类型。

外观以三间为多，较大体型为三间二磨角，有的高至三层。入口设于山面。以曲廊导至正面大门，是苗族半干栏的重要特点之一，与其他干栏形态最显著不同的是，它的目的在于更大限度的适应地形，利用空间。苗族半干栏在山地布置灵活，室内外联系十分方便。底层可封可敞，不拘一式。屋顶多为歇山、悬山式，特别是有一种二迭式歇山无异于古代歇山特征，在外观上别具一格。

房屋总体布局功能明确合理。居住层前为曲廊退堂，室内呈“前室后堂”，与其他干栏大为不同，前部楼面布置卧室，后部地面布置火塘间，厨房等，堂屋多为半楼半地，整个居住功能围绕堂屋为中心展开。底层进深不大，但畜圈、杂务、贮存布置得当，空间可封隔可拉通，处理灵活。阁层大面积设置，充作谷仓，兼风干作物、防寒隔热等多种用途，此点为其他干栏所少有。晒台形式多样，布置亦较自由，但多于底层户外大面积通长架设。苗族半干栏内部空间划分细致规整，功能性强，具有少地基、多空间、小体型、大容量的特点。

结构形式类似壮族麻栏，常为五柱四瓜，用料精当合宜，半干栏的构架呈一高一低之势，变化多样，适应地形。

苗族半边楼比其他干栏半楼居发展更为成熟，在利用地形和空间上取得了较高成就，它是全干栏在山地的一种创造性的发展。

(5) 贵州布依族的干栏

贵州布依族源于广西，与壮族属同一族源[30]，故他们的干栏具有相似之处，也有全干栏与半干栏之分。

布依族干栏因地方材料采用的不同而形式多样，有木构、土木混构、土石木混构等多种。全干栏多为石木混构，即以木构架承重，石墙围护，石板瓦屋面。半干栏与壮族半楼居基本相同，多土木混构或木构，惟底层以栅栏稀疏排列，更为通透，方式较原始古老。房屋以三间为多，体量较小，正面设踏步或构梯而上，外墙为板壁、芦席、竹笆等，也有土筑墙者，围其三面或四面。屋顶多为悬山，覆以茅草，小青瓦等。

平面布局以堂屋为中心各房间环绕，前部为卧室，后部为火塘、厨房等，与苗族半干栏相似。但有的又同壮居类似，尤其堂屋与过间、火塘等连通，形成高敞宽大的主空间，仅规模略次。底层全为圈栏，石木混构的全干栏则在次间前半部设圈，余皆填土夯实。除堂屋外，均设阁层，但无隔断，屋顶空间拉通与主空间连成一体。作贮谷之用的方式与苗居不同，多为囤萝置于阁层，而非散堆。阁层交通以搬梯联系。

木构穿斗架多为七柱十二瓜（加挑檐前后二瓜），柱檩距皆较密。木构技术不够精细，尤其楼面平缝拼装较多，缝隙大，致使底层秽气上窜，卫生欠佳。

(6) 黔桂湘边区侗族的干栏

侗族主要聚居在都柳江流域，分布于贵州、广西、湖南三省相邻地区。侗族精于匠作，花桥鼓楼颇负盛名，他们的干栏又别具一格。

侗族干栏一般三至五间，二层或三层均较普遍，且四周逐层悬挑，上大下小，虽体量高矗，仍显活泼轻巧，有的结合地形，局部吊脚，更形生动。底层多封以板壁，开设小窗，外观成为完整的一层。山面喜加建偏厦或设分层错落的披檐，处理手法极富个性特征。

平面布局以前廊后室为多，与其他干栏显著不同之处是前廊宽大异常，几达进深的三分之一以上，外沿设通长宽坐凳，前廊安设活动外壁，可封可敞，使用空间十分灵活。有的前廊式干栏单幢连排建造，廊檐相接，内部连成通长空间，至为壮观。

底层布置与壮族麻栏相似，顶层仅局部设阁楼充作贮用，大面积利用者少，甚至虽设隔层而顶层空间闲置少用。

侗族干栏多全木构，构架常用五柱十二瓜，匠作工艺表现出精细严密的作风。利用地形多采用高大的筑台，配合吊脚，侗居的建筑形象地方特色尤为强烈。

侗族地处壮苗之间，在全楼居干栏形制上与壮族麻栏近似，而利用地形的变化处理某些方面又和苗族半干栏相类，但其平面布局和造型工艺又独具特色，可以认为侗族前廊式干栏是介于壮苗之间的一种发展类型。

除了以上几种主要类别外，还有一种较原始的干栏形式见于记载，据南宋朱辅《溪蛮丛笑》："仡佬以鬼禁，所居不着地，虽酋长之富，屋宇之多，亦去地数尺，以巨木排比，如省民羊栅，杉叶覆屋，名羊楼。"仡佬族为贵州古老的土著民族，其住居羊楼，大概是当地较早期的栅居式干栏。

采用干栏形式的房屋除住居外，还有谷仓和某些公共建筑，如苗族、布依族的谷仓，台湾高山族、海南岛黎族的谷仓、谷囷，与汉代干栏式陶屋谷仓模型几无差别。另外有的寨内客栈亦采用低干栏式。历史上还有一种特别的公共社交活动房屋，亦作干栏式。如清代贝青乔《苗俗记》载："女子十三四，构竹楼野外处之，苗童聚歌其上，黑苗谓之马郎房。"类似的还有仡佬族的"罗汉楼"、黎族的"栏房"等[31]，这些都是供青年男女社交聚会的建筑。

此外，值得提及的是巴蜀地汉族采用的各种吊脚楼，与干栏有相似的构造特征，历史发展悠久，很可能与古代干栏有渊源关系。

据有人考证，秦汉时期及其以前川境内即流行干栏式住宅，其时的巴族、賨族、邛都等大概都是居住在这类房屋。[32]重庆的吊脚楼历史也颇长远，据晋常璩《华阳国志》，东汉时已是“重屋累居”，而其源起当更可上推。以后的史籍也不乏干栏的记载，但多为巴蜀地少数民族使用，如宋代《太平寰宇记》剑南道州风俗条云：“无夏风，有僚风，悉住丛菁，悬虚构屋，号阁栏。”又渝州风俗条云：“今渝山谷中有狼狏，乡俗构屋高树，谓之阁栏。”这说明宋之阁栏与汉之重屋乃一脉相承。现代川内汉族之吊脚楼上溯的渊源关系应是很清楚的。过去有人认为“巴蜀间之桩栅建筑久已随其民族同化于我群，无踪迹存在”的说法[33]，似有不确。应该说，踪迹仍有存在，只是民族有所变迁融合，不仅是大量的吊脚楼可据为证，在西昌、凉山地区某些地方如盐边就仍然有干栏式房屋存在。[34]

由是，干栏式建筑不特为少数民族所使用，汉族中也有使用。在历史发展的长河中，各个民族的文化相互交流，融合与演变反映在建筑发展上也是错综复杂的，在考察一种建筑形式的历史发展与分布时，不应忘记这一点。

最后，关于干栏的分布，从更广阔的地域来观察，除了中国南方和西南地区，在其他地区以及域外世界上许多地区都有分布，虽然使用目的、功能作用可能不一样，但构造形式则大同小异。如我国内蒙古、黑龙江北部等亚寒带地区也有类似干栏的建筑存在。国外除了与我国干栏有某种联系的东南亚、南洋、日本诸地外，大洋洲、南美洲、非洲等地区均有干栏式建筑分布，甚至在苏联西伯利亚寒带地区也可见到这种建筑形式。[35]

以上说明一种建筑形式的形成与自然环境和使用目的有密切关系，同时也要看到民族文化因素和社会历史条件对建筑形式也具有巨大的影响，正是这种影响使建筑形式的丰富多彩的种类大大超过气候及自然地理条件分区的数量，如在自然环境差不多的情况下，干栏式建筑还有傣、景颇、壮、苗、布依、侗等族不同的干栏类别。所以，我们应当从文化、地形、气候、材料和技术等多方面以综合的观点来认识一种建筑形式的产生及其分布和特点。

2. 西南地区干栏分布较多的原因

从新石器时代干栏遗址分布来看，大多数位于沼泽河湾，地势低卑之处，干栏适应这种环境，是解决“下湿润伤民”这个居住矛盾而较理想的居住建筑形式。这种原流行于长江中下游及华南地区的形式后来何以在这些地区消失，反而在地险坡大的西南山区广为分布，其间的原因，初步考察起来，有如下数端：

（1）材料来源

干栏式建筑系竹木结构，易于失火，原始森林又砍伐日盛，材源愈来愈少，这些都影响干栏的发展。在中国历史上，木材消耗委实惊人，传统木构体系，从宫殿到民居，从庙宇到市俗建筑，几千年来无不大量“吃木”，开发越早的地区，森林资源减少越快，用材便越紧张。尤其封建社会的“皇木”征调，更开乱砍滥伐之风，先是关中黄淮，继而长江流域和华南五岭，后则云贵川大西南。但西南地区毕竟山川阻隔，交通不便，开发较迟，有幸可以保留较多的森林面积，相应使干栏这一古老的形式得以延续。从目前仅存的干栏分布来看，也多数在林区一带，其他木材匮乏的地区或则以土石代木，使传统形式发生若干变化，或则改为地居房屋。如布依族聚居的红水河、盘江流域，以前干栏分布十分普遍，现在却已大为减少，能够保持传统干栏的寨子所剩无几，其中亦有不少还多以土筑墙代替板壁者。因此，材料来源与干栏分布关系极大，西南地区尚能存在这种古老形式，木材未至枯竭，对于人口不多的少数民族的楼居房屋足敷应用，乃是重要原因之一。

（2）干栏在山区的适应性

干栏建筑形式在山区的适应性是多方面的，以前的研究者对之概括备详：“在诸多利益中，首先要说的是防止雨季地面的极度潮湿；其次是防止毒虫野兽；其建筑在水中的，高出水面，在陆地建筑的则由于在地面燃起熏出浓烟之火，可能防止蚊虫；又其次更为清洁，为建筑于崎岖之地能轻而易举，否则地面必须作范围广泛的填积或挖掘；为在地面上对于家庭工作有凉快通爽的空地；最后则为在许多情形中可以防止敌人的袭击。”[36]除上述外，这种形式易于结成密集以寨落，节约基地面积。干栏的这些优点在西南山区都得到充分的体现。

然而对于山地其中最主要的一项是适应地形。干栏悬虚构屋，具有抬高的居住面，地形复杂时，全干栏可架空跨越，或呈半干栏及各种变化的吊脚楼倚坡而建，而居住面不受任何影响。特别是后二者对地形适应性最强。

防潮驱湿一项，在山区也为必须，此之适于云贵，史多有载。如据新旧唐书，皆有“土气多瘴厉……人并楼居”的描述。所谓瘴厉，即为疟疾，乃潮湿之区易流行的瘟疫，云贵高原雾浓湿重，多雨少晴，正是疟蚊滋生之渊薮，在医术不发达的古代，常常谈虎色变，所以离地而居以图躲避，确是适应环境的惟一办法。

防兽亦为山民切身利害之所在。西南深山密林，自是虎豹出没之区，在古代兽患必更猖獗。南宋范成大《桂海虞衡志》和周去非《岭外代答》俱言，因地多虎狼，非楼居人畜则不得安宁。所以防避野兽侵袭，干栏形式是比较安全可靠的。

由于干栏式建筑特别适应西南山区复杂的自然环境和气候条件，在征服自然的能力薄弱的情况下，便成为少数民族自认的理想的居住方式，广为采用，相沿至今。

(3) 社会环境闭锁的影响

中国西南地区自古所谓“蛮夷之地”，山岳层叠，偏远闭塞，生产力不发达，社会经济落后，“有的偏僻之区颇像陶渊明所描写的桃花园，那里的居民可以世世代代‘不知有汉，无论魏晋’地过着多少与世隔绝的生活。”[37]加上封建统治者实行大汉族主义，历史上民族隔阂尤深。因此建筑发展迟缓，受外界先进营造技术的影响很小，及至明清二代设置屯军，大批江南汉人移入，文化技术的交流和影响方渐增强。

建筑的发展是与社会经济文化的发展相适应的。从中国文化的发展看，汉文化作为中国文化的主流，自有史以来从黄河流域至长江流域，再至珠江流域，即由北而南，而后西南，先平原后山地，其推进趋势是为明显，相应地南方干栏式建筑在北方汉式地居建筑影响下，各地变迁的早迟，也足征了然。当长江流域干栏消失之后，接着便是岭南地区，如汉唐之际广东还盛行干栏建筑，到近代却已无干栏遗式可寻，仅残存某些文化因素，依稀可辨。[38]由史载知，该区干栏发生演变可能肇自唐中叶，如史称宋璟“其率人版筑，教人陶瓦，室皆盩厔，昼游则华风可观，家撤茅茨，夜作则灾火不发，栋宇之利也自今始。”[39]显然这是以版筑土墙代替干栏木构，以铺瓦代替茅顶。而制瓦技术早在汉代就传入岭南，如广州出土的干栏式陶屋屋面已示瓦覆，可能当时并不普遍，至唐才有地居式土屋瓦顶之“华风”，可见这个演变过程也非一朝一夕之功。此后砖瓦建筑技术推广，这种方式既防潮又防火，则干栏被取代而消失势成必然。

然云贵等地所受外界影响又远小于岭南地区，尤其在深山腹地少数民族地区更与外界绝少接触，只是在清代实行大规模“改土归流”之后，这些地区闭锁状态才开始打破，因此他们传统的干栏住居形式较容易保留下来。即是如此，干栏减少而为地居式房屋取代的趋势亦不能避免，及至近代，仅市镇以外的边远山区且须有相当的森林分布的地方才遗存着部分干栏式房屋。

(4) 民族迁徙的影响

大凡历史上民族的移动总是伴随着文化的传播，其中也包括居住生活方式在内。一个民族迁徙后必将其固有的住屋形式带入新的定居地，尔后才逐步适应新的环境条件有所改变。

据民族历史学研究，西南地区大多数少数民族是由古越人、三苗九黎等远古民族演变形成，除个别土著外，其他如苗、布依、侗等族多是从它处迁徙而来。

在远古传说中南北部落氏族的战争迫使居住在荆楚吴越，“左彭蠡，右洞庭”等地区的南方民族相率往西方和南方迁徙。春秋以后，大规模的民族移动更见诸史籍，如南方泛称百越的流迁，“经过历史上三件大事，楚灭越，秦始皇灭楚与开发岭南，与汉武帝灭南越和东越，南方的百越民族遂撤离大陆舞台，历若干次的迁徙而退居今日的南洋群岛。”[40]另一支较大的民族苗族则从江汉流域和长江中游地区退向南方和西南，乃至于境外广大东南亚各地，亦有蹈海流散于台湾、琉球、日本等岛屿。遗留的部分南方民族则与华夏族融合，形成以后的汉族。

古称“南越巢居”，这些迁徙的南方民族都是具有“干栏”建筑文化特征的，因此历次大规模民族移动不能不影响到建筑分布的变迁，干栏式建筑大量输入西南地区，加上当地已存在的干栏建筑（可能主要是云南高原的干栏），使这里成了取代长江中下游及华南地区的一个新的中心。

将现代的西南地区的干栏建筑与汉代及以前的建筑加以比较，某些建筑特征具有相似之处，可能就是这种迁徙影响的结果，其中的渊源关系至为明显。

比如中国传统木构歇山屋顶已于汉代就产生了，最早的歇山为一人字形悬山顶加周围披檐而成，整个屋坡自然在二者之间造成一个阶台，成为上下二迭之状。这种形式在北魏云冈石窟中多有表现，汉晋广为流行，至唐渐至消失。但其时受中国建筑影响的日本古代建筑有不少，采用此种形式，如“校仓”，神社建筑等，特别有趣的是，日本法隆寺保存的一件可能为飞鸟时代的建筑模型“玉虫厨子”，不但屋顶呈二迭之原始歇山式，而且上下二层，底层支以立柱，似为古代干栏之写照，显然是受中国建筑影响所致。[41]上述屋顶特征，在现代苗族半干栏建筑中亦有同样的表现，二迭式歇山屋顶并不少见，古今对比，实在酷肖之至。它如苗族、傣族的干栏建筑崇尚歇山顶，这在一般民居中亦不多见，同时翼角做法多为平行椽直屋檐，这些都是汉唐时期木构屋顶的构造特征。[42]此外，古代干栏两山出厦的做法在壮族、侗族的干栏也可找到实例。

又如屋脊以鸟类为装饰母题，此为汉以前直至新石器时代干栏的装饰特征，在汉明器、铜鼓、画像砖上的建筑模型或图像中都可看到。汉代函谷关画像砖城楼脊饰朱雀，汉建章宫凤阙可能因脊顶饰凤而得名，汉以后鸱尾兴起，此风才渐止息。[43]而现代苗族、佧佤族的干栏在屋脊上饰以灰塑雀鸟或木鸟以示吉利尊贵，实际亦为古制之遗意。

以上种种汉族早期建筑特征，在后世汉族地区的建筑中已难于寻觅，却在少数民族干栏建筑中获得实物例证，这恰与西南少数民族有不少是汉代前后迁徙而来在时间上如此巧合，大概不会是偶然的。它说明了西南地区的干栏式建筑是伴随民族迁徙输入，在漫长的缓慢发展中于偏僻之区还保持若干旧有的传统特征。同时也说明了干栏这种建筑形式不仅在平原，而且在山地具有广泛的适应性，从而获得新的发展，创造出半干栏等更加适应地形的类型，增强了生命力而延续至今。

（三）干栏式建筑的历史作用及影响

从居住方式的生态特点及其居住环境对于人的感受来看，传统民居可以分为地居、楼居、穴居、帐居、碉居等几种类型，其他还有船居，筏居等居住方式，不过属于一种特例。

地居即地面居住建筑，居住面为地面，大多数居住形式属于此类，这种形式居住环境与周围联系密切，生活方便，给人以亲切感；楼居亦即巢居之意，也就是居住面抬离地面的干栏式房屋，它的居住环境给人以舒适感；穴居主要是各类深入地下的窑洞式住宅和生土住宅，它的居住环境给人以宁静感；帐居多为游牧民族使用，如蒙古包、藏族帐篷以及某些窝棚之类，它的居住环境给人以流动感；碉居多为高寒地区如青藏高原的藏、氐、羌等少数民族的石砌碉房一类的住屋，它的居住环境给人的安全感。

这些居住类型在发展史上都源远流长，相互影响，互有联系，其中地居、楼居、穴居三者表现更为密切，使用最普遍，在居住建筑中影响也最大。而楼居即干栏在它们的形成中又具异常特别的作用。

1. 巢居与穴居

人类最早的居住形式无疑是巢居与穴居，地居是由它们相互交流共同作用而形成的结果。

前已述及人类的产生及其发展是基于地面的活动，其住居方式存在着力求使居住面接近地面的发展趋势。在巢居方面，是从“构屋高树”到地面建筑；在穴居方面，是从地下袋穴到地面建筑。前者为下降方式，后者为上升方式，它们在不同方向上走着相似的发展道路，上下结合，相互影响促进，加速了新的、更符合人类生活的地居形式应运而生，从而取代“巢穴”，日渐广之。

一般说来，后世土木结构的地面建筑，其墙身的发展主要受穴居版筑技术的影响，其屋盖构架的发展主要受巢居榫卯技术的影响。从发源地论，不仅有北方黄河流域，而且还有南方长江流域，就目前已知材料，西安半坡仰韶文化和浙江余姚河姆渡文化可作为其起源的典型代表。因此中国地面木构的起源，并不只是一个源头，至少应是两个源头，可以说是多源合流而成。虽然巢居与穴居也有可能各自独立发展形成地面建筑，但“合流”的促进作用是不可忽视的，对于穴居的演进，尤其是这样。

我们知道，穴居主要分布于黄河流域的广大黄土地区，这里有得“地”独厚的条件，以往之所以把地面木构建筑的形成划归于穴居发展序列，是因为这种建筑与穴居有着地层考古上的共存关系，在对此种现象的研究中并未详细分析穴居的演进是否有可能吸收巢居的建筑经验，从而表现在地面建筑的形成中。同时，对于巢居方面从干栏演进至地面建筑的事实亦未引起足够的注意，所以便把两大不同的渊源看成互不相关，完全独立发展的体系，而很少考虑它们之间的相互联系、交流和影响。

巢居体系不仅有自己发展的独特方式，其一部分保持传统的干栏式，另一部分演变为穿斗木构地居式，而且它还影响着穴居的发展。以建筑技术的发展而论，各种穴居同木构建筑是完全不同的结构系统，它们之间似不可能有直接演进的关系，但却又共存于同一考古地层中。这个问题早为现代学者所注意，著名建筑史学家刘敦桢先生在论述半坡地面木构的形成时曾指出：“在某些黄土地区，由较深的袋穴改进为较浅的坑式穴居与具有墙壁的穴居，而在某些森林地带，可能早就在地面上搭盖简单的圆形窝棚，后来可能在墙壁地面和屋顶方面吸收夹草泥烤硬的办法，发展为半坡的早期木架建筑，而不是由各种穴居直接演进的。”[44]这里已提到窝棚的影响，但从森林地带原始住居类型看，大量存在的干栏无不对之发生影响，尤其是方形平面的木构方式是可以从更加先进的干栏结构技术中获得直接启示的。这些森林地带除了黄河流域的分布外，更主要的是长江流域，这里广为流行的干栏式建筑难道不会对北方地区产生某种影响吗？难道巢居体系与穴居体系之间不会存在某种交流的关系吗？

考古研究表明，距今七八千年前的新石器时代或更早期，至迟在裴李岗文化与磁山文化时期，在中国这片大地上，全国范围的文化交流已经开始。[45]更上溯在旧、中石器时代，原始人群还处于渔猎、采集的发展阶段，也是需要经常迁徙的。[46]那么长江流域和黄河流域两大文明摇篮地区发生文化上的相互影响是不可避免的。已有学者认为河姆渡文化与仰韶文化年代相当，不能排除它与中原文化的交流关系。[47]而上述两个古代建筑源起的典型代表互相比较，河姆渡原始干栏遗址比半坡穴居村落遗址在时间上还要早些[48]，但木构技术却更先进，榫卯结构较为成熟发达，而半坡还主要采用的是绑扎技术，二者木构技术已有“质”的差别。这至少说明当黄河流域还在主要发展穴居和半穴居的时候，长江流域的干栏式建筑不但流行广泛而且达到相当高度的远非半坡地面木构所能比拟的发展水平。

此外，河姆渡村落从干栏过渡到地面建筑大约经过了近千年的时间，而半坡村落由直壁浅穴的半穴居过渡到原始地面建筑，约历时300～400年[49]，前者为相同建筑技术的发展，而且基础较为先进，出现地面建筑尚且费时颇久，后者为不同建筑技术的发展，且木构技术较为落后，所用的过渡时间反而大为减少，这仅为自身独立发展快慢为由来解释是难以成立的，只能认为半坡地面木构建筑的出现必然有外界某种因素的强烈影响，才有可能如此迅速。这个影响无疑应是来自当时木构技术比穴居先进得多的巢居干栏式建筑。

古籍有载：“冬则居营窟，夏则居橧巢”，当是指黄河流域的情形，表明这个地区曾有穴居与巢居并存的现象，早就有人认为“中国中原等处在最早用干栏即很普遍”。[50]黄河流域的巢居是否从南方传入，尚难臆测，但可以理解的是在北方穴居分布中心地区与南方干栏分布中心地区之间，应存在一个广阔的中间地带，两种居住方式的使用范围决不会界定得十分固定分明，因此尚可设想，中间地带会存在穴居干栏混用的现象，这也就造成二者不言而喻的相互影响。而半坡人在坑穴的营造中，完全可以吸收干栏桩栅立柱和屋盖窝棚的做法，结合自己传统制陶技术，在密排木骨上涂泥烧烤，创造出木骨泥墙，这就迈出了穴居发展至地面建筑关键的一步。当然这也不排斥半穴居完全依靠自身的演进，不受外来影响而独立发展为地面木构的可能性。[51]不过，事物的发展总是复杂的，多方面的，“因为一切客观事物本来是互相联系和具有内部规律的”，“当着我们研究一定事物的时候，就应当去发现……一事物和它以外的许多事物的互相联结”。[52]我们在研究穴居发展时也是这样，否则不可能得到全面的认识。自然，反过来看干栏建筑同样如此，在新石器时代长江流域也不仅仅只有干栏这一种建筑形式，还存在窝棚式地居和穴居、半穴居[53]，这对于干栏建筑的演进也是有一定启示和影响的。

2. 穿斗式与叠架式

中国木构建筑两大主要结构方式，即穿斗式和叠架式，其源起与发展也与干栏有关。

穿斗式本为干栏建筑固有的结构方法，以其构件联结的榫卯做法为基本特点，河姆渡文化时期就达到一定的发展水平，至今在南方广大民间建筑以及少数民族干栏建筑中仍是主要的结构法。

叠架式主要流行于北方，其构造特点是构架联结为层层叠放搁置，局部也采用一些榫卯联结，有的又称抬梁式，从受力角度看，它比穿斗式的整体性和稳定性差。

叠架式的渊源可以追溯到半坡时期的地面木构。这种木构结构法很不成熟，主要节点是以搁置绑扎方式联结各构件，采用榫卯仅是个别较简单的节点。大概在汲取干栏构造技术时，对这种工艺水平要求较高、技术较复杂的新技术还难以一下子熟练掌握，或是其他原因，半坡木构的搁置结构法一直沿用下去成为主要方式，而榫卯方式则起辅助作用，其稳定则借助于版筑土墙或砖墙，从而形成土木混合结构房屋。因这种结构方式可以获得跨度较大的空间，形式较为庄重，加上榫卯方式的配合，处理较为灵活，故在北方流传发展，历久不衰。以后在统治者的推崇下，叠架式遂成为中国传统建筑官式大木的基本结构形式，而穿斗式只流行于民间。但是我们并不能因此就低估穿斗式结构，尤其是它的榫卯技术在中国建筑发展史上的重大作用和影响，即或是今天各种现代框架仍可以从中汲取有益的经验，譬如“墙倒屋不坍”，就是以木构架为骨架，墙依附于它，其结构稳定性特征穿斗架更甚，这种结构原则是很先进优越的。至于榫卯技术是否能用于现代结构，也是可以研究的。

3. 南方建筑文化与北方建筑文化

以干栏为代表所体现的南方建筑文化对北方的影响也不能忽视。这个影响不仅如前述见之于新石器时代，在以后如殷周秦汉各代也可以窥见。其甲骨文和金文的象形字便是一端。如“[illegible]”(京)，示底架为桩柱构造；“[illegible]”示底层为利用空间；“[illegible]”示底层为畜栏，关养大牲畜猪牛等；“[illegible]”示底层栖家禽；又如“[illegible]”(席)，“[illegible]”(宿)是席居的表示，席地而坐是干栏使用的一个重要特点。席也是出产竹和稻的南方地区的一项特产。殷商是北方奴隶制国家，不论其族源是否来自南方，也反映了干栏式建筑文化对中原地区的广泛影响。[54]

春秋战国时期，南方的楚国有高度发达的楚文化，其中也包括建筑文化。在各国竞相“高台榭，美宫室”风气中，楚之章华台为规模最大，时间最早者。而有一种台式建筑主屋在上为宫室，附屋在下为地室，这正是源于干栏的一种建筑形式，如《左传》载，“晋郤至如楚聘，且涖盟。楚子享之，子及相，为地室而悬兮。郤至将登，金奏于下，惊而出走。”其地室用作乐池，不可谓不巧，以至晋国使臣听见地下乐池奏乐，不免惊奇。它反映出楚国这种干栏式高台建筑为晋等北方列国所无，故有各国皆效楚的举动。又如《史记·本记》记述秦灭六国，统一天下后，“写放其宫室，作之咸阳北阪上，殿屋复道，周阁相属”。各国宫室大概主要是南方楚、吴、越等国的，因为复道周阁正是这些国家的干栏建筑形式。汉以后楼阁建筑代替台榭而兴，也可能与秦时的推崇有关，此期也正是干栏式建筑发展的高潮，楼阁之风就是它的进一步的发展。

由是，南方建筑文化对于北方的影响乃由来已久的事实，这种现象在建筑史上一脉相承，例证丰富，直至清代宫廷督造亦用南方工匠雷氏家族，足见南方木构技术的发达先进由来已久。

当然，另一方面也要看到，中国古代文化存在黄河流域和长江流域两个发祥地，后者可能更为源远流长，不过黄河流域自古交通方便，不断汲收周围地区的文化，发展较快，尤其进入阶级社会后，在历代政治活动中心多处北方的社会历史条件下，逐渐形成以中原为核心的发展力量，反过来对周围地区包括南方施以影响。作为社会文化之一部分的建筑文化亦不例外。在这种相互交流影响中，干栏式建筑的积极作用是不能忽视的。虽然这方面的实物例证和细节还有赖于考古发现的进一步丰富，但我们把研究的注意力转向长江流域将不是没有意义的。

4. 最早出现的建筑体系

此外，我们认识干栏式建筑在建筑史上的地位，还不应忘记的一点是，从巢居算起，它历史发展的悠久性。在建筑的两大渊源中，“巢”可能是人类最早出现的居住形式。

因为一般说来，人类进化的历史最先开始于南方，热带和亚热带森林地区的气候、环境和食物等条件宜于类人猿的生存与发展，南方古猿向人类进化最早，而后才向北方或其他地区散布[55]，考古发现的人类化石也是南方早于北方。[56]

前已述及，从猿到人栖身于树的居住方式会保持相当的惰性，为改善栖息条件而萌发的最初的营造观念都发端于树上。同时，在原始森林中供以筑巢的原生木和其他材料来源不成问题，选择机会广为存在，但是要寻觅一个较安全舒适的洞穴却不那么容易。尤其是在火未被人类利用掌握之前，大规模居住在自然洞中，其可能性是很小的，更不用说人工穴的居住了，否则是无法躲避猛兽的伤害的。考古发现的猿人洞穴居住遗址中，几乎都有很厚的灰烬层，即是证明。穴居多分布于北方，这是原始人后来移居该地因环境变化而居住方式相应改变的缘故，这之前当是巢居。而且当原始人在北方黄土断崖上挖出第一个人工横穴的时候，南方的巢居可能已发展为干栏取得相当的进步了。

顺带一提，语言学上“巢穴”一词，将“巢”列于前，这种习惯是否也在传递着某种信息，似可探究。

综上，我们也许可以提出这样一个不成熟的假说：巢居早于穴居，是人类最先出现的原始居住方式，而穴居是在火被利用之后才开始产生的，而人为穴居当更为晚出。弄清这个问题对于认识巢居体系对穴居体系的影响和干栏式建筑在建筑史上的地位是颇有意义的。

十分有趣的是，巢居和穴居这两种最古老的居住方式经历了漫长的发展过程，渐为地居所取代，然而到了现代，它们又面临似乎难以理解的“新生”，向空中发展的各种架空式高层居住建筑，向地下发展的各种现代地下建筑和生土建筑，以及形形色色的未来建筑的设想[57]，在世界上崭露头角，引起人们愈来愈大的兴趣和关注。这种新的“上天入地”是否说明巢居与穴居的发展历史可能要经过一个事物发展的否定之否定的过程呢，若其如此，我们研究现今遗存的干栏式建筑和巢居建筑体系的历史，其意义又增添了新的内容。未来的巢居穴居将吸引人们进行不懈的探索。

注释

①刘致平，《中国建筑类型及结构》，第51页，1957年。
②《魏书》卷一〇一，僚传。
③戴裔煊，《干兰——西南中国原始住宅的研究》，第7页，1948年。
④安志敏，《干栏式建筑的考古研究》（《考古学报》1963年2期）。
⑤此象形文字为重庆博物馆藏青铜錞于上之图像，据徐中舒教授解释为“像依树构屋以居之形。”参见《四川大学学报》（社会科学）1959年2期。
⑥认为巢居与栅居没有关系的以意大利学者俾阿苏特（Renato Biasutte）和法国民族学者蒙登东（G·Montandon）为代表。认为栅居源于巢居的以德国学者舒尔兹（Heinrich Schurtz）和我国学者戴裔煊为代表。参看戴裔煊《干兰——西南中国原始住宅的研究》。
⑦恩格斯，《家庭、私有制和国家的起源》，第21页，1954年。
⑧河姆渡遗址考古队《浙江河姆渡遗址第二期发掘的主要收获》（《文物》1980年5期）。
⑨黑格尔，《法哲学原理》，第40页。
⑩参见注③，第17页。
⑪参见注③，第16页，戴文认为“我们洪荒之世的祖先，其居处的状况是怎样？尚缺乏可靠的证据。是不是经过一个巢居的时期，亦极成问题。”
⑫浙江省文物管理委员会、浙江省博物馆，《河姆渡遗址第一期发掘报告》（《考古学报》1978年1期）。
⑬浙江省文物管理委员会，《吴兴钱三漾遗址第一、二次发掘报告》（《考古学报》1962年2期）。
⑭朱江，《丹阳香草河发现文物》（《文物参考资料》1958年9期）。
⑮云南省博物馆筹备处，《剑川海门口文化遗址清理简报》（《考古通讯》1958年6期）。
⑯江西省文物管理委员会，《江西清江营盘里遗址发掘报告》（《考古》1962年4期）。
⑰参看注③，第40页。戴文称干栏式建筑为“栅居文化”，并作为文化圈对待，对其分布指出：“扬子江中下游以南，三苗之国，左洞庭右彭蠡，这个区域为远古栅居文化中心，当然非毫无根据的推想，不过缺乏确实的证据，可以不必断然肯定。我个人的意见认为远古栅居的中心，与其说是华中，毋宁扩大一点，说是东南亚洲沿海地区，较为确当。”这个推断，已为若干考古发现，尤其是河姆渡文化的发现所证实。
⑱中国科学院考古研究所湖北发掘队，《湖北圻春毛家咀西周木构建筑》（《考古》1962年1期）。
⑲云南省博物馆，《云南晋宁石寨山古墓群发掘报告》，第76页，1959年。
⑳中国社会科学院自然科学史研究所，《中国建筑技术史》，第九章第一节。油印本，1977年。
㉑日本人中有部分自认为中国苗族后裔，1981年派代表团访华，到贵州黔东南苗族聚居区考察，寻根求源，联系到本世纪初日人鸟居龙藏调查中国西南地区干栏住宅时，发现与日本古代房屋“校仓”相似，说明它们并非巧合，除了中日文化交流影响外，还有一个重要原因是民族的迁徙。
㉒刘敦桢主编，《中国古代建筑史》，第28页，1980年。
㉓孙以泰等，《广西壮族麻栏建筑简介》（《建筑学报》1963年1期）。

㉔汪宁生，《试论中国古代铜鼓》（《考古学报》1978年1期）。
㉕参看注④，第71页。
㉖云南省建筑工程设计处少数民族建筑调查组，《云南边境上的傣族民居》（《建筑学报》1963年11期）。
㉗参看注⑳。
㉘（宋）范成大，《桂海虞衡志》。
㉙参看注㉓。
㉚贵州省民族研究所，《贵州的少数民族》，第35页，1980年。
㉛（明）邝露《赤雅》卷一罗汉楼条："以大木一枝埋地作独脚楼，高百尺，绕五色瓦覆之，望之若锦鳞矣，攀男子歌唱饮�，夜归缘宿其上，以此自豪。"（明）顾阶《海槎余录》："凡深黎时，男女众多，必伐长木，两头搭屋数间，上覆以草，中剖竹，下横上直，平铺如楼板，其下则虚焉，登涉必用梯，其俗呼曰'栏房'，遇晚，村中幼男女，尽驱其上，听其自相偕偶。"类似公共社交活动的用房仍为干栏式建筑。
㉜童恩正，《古代的巴蜀》，第40页，1979年。
㉝戴裔煊，《僚族研究》（贵州省民族研究所《民族研究参考资料》）第七集40页，1980年。
㉞重庆建筑工程学院建筑历史及理论研究室，《四川建筑通史》近代建筑史部分第三章。油印本。1960年。
㉟《参考消息》1982年4月23日有文《世界上最冷的工业城市——苏联的诺里尔斯克》言其住屋普遍建于支柱上，目的是为了防止因房屋散热溶化冻土层而引起地基下沉的现象，这种房屋实际上为干栏式。
㊱参看注③，第32—33页。
㊲费孝通，《关于我国民族的识别问题》，1981年。
㊳参看注③，第59—60页。
㊴（唐）张说，《张燕公集》卷十二，《广州都督岭南按察五府经略史宋公遗爱碑》，《旧唐书》卷九六《宋璟传》。
㊵凌纯声，《南洋土著与中国古代百越民族》（《中国学术史论文集》第四册）。
㊶（日）田边泰著，刘敦桢译，《"玉虫厨子"之建筑价值并补注》（《中国营造学社汇刊》三卷一期，1934年）。
㊷参看鲍鼎、刘敦桢、梁思成，《汉代建筑式样与装饰》（《中国营造学社汇刊》五卷二期，1934年），张静娴《飞檐翼角》（《建筑史论文集》第四集，1980年）。
㊸参看注①，第136页。
㊹刘敦桢，《中国住宅概说》，第15页，1957年。
㊺安志敏，《新石器时代考古三十年》（《文物》1979年10期）。
㊻参看马克思，《强迫移民》（《马克思恩格斯全集》第八卷619页）。
㊼安志敏，《中国的新石器时代》（《考古》1981年3期）。
㊽据夏鼐，《三十年中国的考古学》（《考古》1979年5期）公布的碳14测定年代，仰韶文化4800—3000BC，河姆渡文化5000—4750BC。
㊾河姆渡文化第四层到第一、二层其间年代差距大约1000年，地面建筑发现于第一、二层内。半坡穴居从半地穴到地面建筑大约为300—400年（参见杨鸿勋《中国早期建筑的发展》，载于《建筑历史与理论》第一辑第116页，1980年）。
㊿参看注①，第31页。
51参看杨鸿勋，《中国早期建筑的发展》，第118—119页（《建筑历史与理论》第一辑，1980年）。
52毛泽东，《矛盾论》（《毛泽东选集》）合订本第301页，第306页，1966年）。
53长江流域的窝棚式地面建筑，平面有圆形和方形两种，墙壁及屋顶可能用树枝编织骨架涂泥层，如江西修水跑马岭遗址（参见江西省文物管理委员会《江西修水山背地区考古调查试掘》），载《考古》1962年7期。）属半地穴的原始居住遗址，如广东韶关鲶鱼转遗址（参看中国科学院考古研究所《新中国的考古收获》，第35页，1962年）。

㊹殷商民族是否南来，或其先民是否南方民族，颇值得研究，考古上对青铜文化的来源，至今未得确证。据郭沫若《十批判书》第6页，“一出马，青铜冶铸技术便很高度，这是很值得讨论的一个问题。……技术是从南方江淮流域输入的……比较有更大的可能性。”此说若能证实，说明青铜技术南方影响北方，那么建筑技术更不待言了。

㊺按达尔文进化论南方森林拉玛古猿是人类最早的祖先。

㊻世界上已知最早的人类化石为非洲热带森林发现的猿人化石，距今约280万年。在我国已知最早的南方元谋人化石距今170万年，比北京猿人早100多万年。

㊼参看（苏）格·波·波利索夫斯基著，陈汉章译，《未来的建筑》，1979年。

主要参考文献

1. （清）田雯．黔书
2. （明）计成．园冶
3. 贵州通志．民国37年
4. 鲍鼎、刘敦桢、梁思成．汉代的建筑式样与装饰．载《中国营造学社汇刊》五卷二期，1934年
5. （日）田边泰著，刘敦桢译．“玉虫厨子”之建筑价值并补注．载《中国营造学社汇刊》三卷一期，1934年
6. 刘敦桢．中国住宅概说．1957年
7. 刘敦桢．中国古代建筑史．1980年
8. 刘致平．中国建筑类型与结构．1957年
9. 戴裔煊．干兰——西南中国原始住宅的研究．1948年
10. 戴裔煊．僚族研究．见：贵州省民族研究所《民族研究参考资料》第七集，1980年
11. 安志敏．干栏式建筑的考古研究．载《考古学报》1963年2期
12. 安志敏．中国的新石器时代．载《考古》1981年3期
13. 安志敏．新石器时代考古三十年．载《文物》1979年10期
14. 夏鼐．三十年中国的考古学．载《考古》1979年5期
15. 浙江省文物管理委员会、浙江省博物馆．河姆渡遗址第一期发掘报告．载《考古学报》1978年1期
16. 河姆渡遗址考古队．浙江河姆渡遗址第二期发掘的主要收获．载《文物》1980年5期
17. 童恩正．古代的巴蜀，1979年
18. 杨鸿勋．中国早期建筑的发展．载《建筑历史与理论》第一辑，1980年
19. 龙非了．中国古建筑上的“材分制”的起源．1981年
20. 王绍舟、王其明．北京四合院住宅．1958年
21. 张驭寰．吉林民间住宅建筑．1958年
22. 陈从周．苏州住宅．1958年
23. 张仲一等．徽州明代住宅．1957年
24. 汪之力．浙江民居采风．载《建筑学报》1962年7期
25. 云南省建筑工程设计处少数民族调查组．云南边境上的傣族民居．载《建筑学报》1963年11期
26. 孙以泰等．广西壮族麻栏建筑简介．载《建筑学报》1963年1期
27. 徐尚志．建筑风格来自民间．载《建筑学报》1981年1期
28. 成城等．民居——创作的泉源．载《建筑学报》1982年2期
29. 徐尚志等．雪山草地的藏族民居．载《建筑学报》1963年7期
30. 陆元鼎等．广东民居．载《建筑学服》1981年9期
31. 陈伟廉等．略论广东民居“小院建筑”．载《建筑学报》1981年9期
32. 江道元．彝族民居．载《建筑学报》1981年11期
33. 周士锷．农村建筑的传统与革新．载《建筑学报》1981年4期
34. 杨廷宝谈建筑，齐康记述．丁字尺、三角板加推土机．载《建筑师》5期
35. 尚廓．民居——新建筑创作的重要借鉴．载《建筑历史与理论》第一辑．1980年
36. 尚廓．一种简单轻巧机动灵活的结构体系．载《建筑学报》1981年12期

37. 汪国瑜．徽州民居建筑风格初探．载《建筑师》9 期
38. 邓焱．苗侗山寨考察．载《建筑师》9 期
39. 拉萨民居调研小组．拉萨民居．载《建筑师》9 期
40. 辜其一．重庆近代民居．1958 年
41. 叶启燊．四川成渝路上的民间住宅初步调查报告．1958 年
42. 叶启燊．四川藏族住宅调查报告．1966 年
43. 邵俊仪．重庆“吊脚楼”民居．载《建筑师》9 期
44. 重庆建筑工程学院建筑理论及历史研究室．四川建筑通史大纲．1966 年
45. 冯华．建设现代化的、高度文明的社会主义新村镇．载《建筑学报》1982 年 4 期
46. 张静娴．飞檐翼角．载《建筑史论文集》第四集．1980 年
47. 童寯．新建筑与流派．1980 年
48. 中国社会科学院自然科学史研究所．中国建筑技术史·少数民族建筑技术．1977 年
49. 贵州省民族研究所．贵州的少数民族．1980 年
50.（美）拉普普著，张玫玫译．住屋形式与文化．1969 年

※ 除注明者外，本书插图与照片均为著者绘制和摄影。

后　记

这是一部二十多年前的文稿，现略加整理，有幸付梓出版，实感欣慰。但主要目的，还在于能使民族建筑文化的原本历史风貌得以保留真实的记录。尤其在当今的经济建设大潮中，有不少珍贵的建筑文化遗产遭到严重破坏与摧残，乃至一些虽处偏远的地区也不能幸免。要想看到原汁原味的少数民族民居建筑实物已属不易。我们要继承和弘扬优秀的民族传统文化，一定要真实地了解过去，了解历史，这才有真正的价值。

忆往昔，20 世纪 80 年代初，笔者数次深入贵州山地苗区，在交通不便、语言不通、生活条件极为艰苦的情况下，翻山越岭，长途跋涉，走访考察了众多苗寨、布依寨、侗寨等少数民族村寨，收集了相关的资料。而每一次去都会发现，原先有的某些苗居，甚至是上百年的老宅，因木结构极易发生火灾等原因惨遭毁损，而新建的房屋又因受现代生活的影响更多地改变了原本的风貌和质地，而非历史意义上的民族民居了。

当然，时代在发展，社会在进步，这种改变是应肯定的。但对于学术研究来说，我们是应分清它们的区别的。因此，就本书而言，由于事隔多年，可能有不少调研的苗居建筑实例已不复存在，若能有所幸存，也当算作弥足珍贵。所以，只有不无遗憾地说，对于研究少数民族民居，哪怕是没有了实物，只要能留下文献资料的实际记载，也是值得庆幸的事。

光阴荏苒，逝者如斯。但我未能忘记，在调研考察及写作过程中，所得到的母校老师以及各地民族事务委员会和建设部门的支持与帮助。以后在筹划出版中，也得到不少热心的人们，包括我的家人的关心与鼓励。对于他们的友谊和真情，在此一并表示致谢。

作者　李先逵

2005 年 5 月于北京

作　者　简　介

李先逵，教授，男，汉族，1944年8月出生，四川达州人。1966年毕业于重庆建筑工程学院建筑系建筑学本科专业，1982年该校建筑历史及理论专业研究生毕业，获工学硕士学位。1984年至1986年赴欧留学。历任重庆建筑大学建筑系副系主任，校研究生部主任，图书馆馆长，副校长及建筑学教授，博士生导师，国家一级注册建筑师。1994年调建设部工作，任人事司教育劳动司副司长，科技司司长，外事司司长。社会兼职为中国建筑学会副理事长，中国传统建筑园林研究会理事，中国城市规划学会理事，全国注册建筑师管委会副主任，中国民族建筑研究会副会长，中国联合国教科文组织全委会委员，英国土木工程师学会（ICE）资深会员。

主要业绩：发表论文50余篇，参编建筑历史、建筑艺术论著多部，主要有《中国建筑的哲理内涵》、《中国园林阴阳观》、《论干栏式建筑的起源与发展》、《苗族民居建筑文化特质刍议》、《西南地区干栏式建筑类型及文脉机制》、《建筑生命观探新》、《古代巴蜀建筑的文化品格》、《建筑价值观与创作》、《建筑史研究与建筑现代化》、《中国山水城市的风水意蕴》、《中国民居的院落精神》、《中国建筑文化三大特色》等。主持撰写向联合国提交的《1996—2000年人居国家报告》。主持国家自然科学基金项目《四川大足石刻保护研究》获四川省科技进步二等奖，高等教育改革《建筑学专业体系化改革》获国家教委高校优秀教学成果二等奖。主编《中国民居与文化》第五辑，编辑出版《意匠集——中国建筑家诗词选》并发表诗词多篇。除教学、科研外还主持设计建成《川东电力影剧院》等工业民用建筑工程项目多项。指导培养硕士、博士十余名。

本书介绍了贵州苗族居住建筑所处的自然环境和社会历史条件；论述了传统干栏式苗居的地方特色和民族风格，对其合乎自然生态规律的村寨总体布局、建筑上山、节约耕地、建筑居住功能、平面空间特征、结构形式与构造以及建筑艺术特色等方面的建筑经验进行了总结；着重分析了适应山区环境条件的“半边楼”干栏形式的建筑特征，与其他民族各类干栏的异同、形成的原因和它在建筑史上的意义；最后针对苗居存在的问题提出了改革的原则和建议，展望了新苗寨建设的前景。在附论中对干栏式建筑的起源、演变与发展及其历史地位作了一定的探讨。

Ganlan-Styled Residential Architecture of the Miao Ethnic Group

This book describes the natural environment and the social and historical conditions from which the style of the residential architecture of the Miao ethnic minority in China's Guizhou Province arises, as well as the local flavor and ethnic features of this traditional Ganlan-styled architecture of the Miao ethnic group. The book also discusses the experience gained from the study of Miao architecture from various perspectives in-cluding the ecologically friendly spatial distribution of villages, structure-building on the mountain slope, conservation of arable land, functions of the living space, features of the layout, structural forms and configuration, and the artistic quality of the architecture. The Gallan-styled architecture of the Miao minority is an asymmetric structure built along the mountain topography with one side of the structure on the ground and the other side being elevated due to the existence of slope. This unique structure in the Miao area fits well into the mountainous environment and is locally called "Banbianlou". The book analyses with emphasis the architectural characteristics of "Banbianloub", its similarities and contrasts between various Ganlantype of structures found in other minority areas, the causes explaining its development, and its significance in the architectural history. The book concludes with principles and proposed sloutiions to address the problems in the Miao residential architecture, and present a blueprint for the development of new villages in the Miao minority area. In the Appendix, the origin, evolution, and development of the Ganlan-styled architecture and its position in history are discussed.

雷山县开觉寨某宅全干栏做法

悬山周围檐及曲廊入口

寨内水平小径与堡坎

雷山县西江大寨某宅山面挑廊及高吊脚

雷山县黄里寨某宅筑台、悬挑、吊脚三结合手法

底层入口及山面退堂的灵活处理

台江县台拱寨某宅大悬挑

陡壁上的横向半边楼

雷山县西江羊排寨某宅大出檐

雷山县猫猫河寨余宅及寨内芦笙场(铜鼓坪)

雷山县黄里寨某宅五开间歇山式做法

“借天不借地”的纵向悬吊

陡坡上的分层筑台

不拘一格的屋角局部悬挑吊脚

适应复杂地形的长短吊脚与悬挑

侧面晒架的空间环境与造型

房屋纵横布局与入寨小径的空间环境

下层封闭上层开敞的对比和石砌筑台与木构的对比

半边楼半楼半地木框架结构

悬架于屋顶之上的晒架

镇远县某宅新式砖柱吊脚楼

从入口曲廊看退堂空间

以嫩竹作装饰的中柱崇拜

从堂屋口看退堂远景

入口曲廊及退台美人靠

苗家木制老式织布机

地面石火塘与铁三脚

半楼面半地面的火塘间

坑式火塘三脚架及板梯空间的利用

火盆小曲桌及火塘间布置

堂屋春凳及银角装饰

堂屋客人聚餐的布置